ISBN 978-3-663-15214-9   ISBN 978-3-663-15777-9 (eBook)
DOI 10.1007/978-3-663-15777-9

Softcover reprint of the hardcover 17th edition 1928

Proportionaltafel

	0	1	2	3	4	5	6	7	8	9	
1	0	0	0	0	0	1	1	1	1	1	1
2	0	0	0	1	1	1	1	1	2	2	2
3	0	0	1	1	1	2	2	2	2	3	3
4	0	0	1	1	2	2	2	3	3	4	4
5	0	1	1	2	2	3	3	4	4	5	5
6	0	1	1	2	2	3	4	4	5	5	6
7	0	1	1	2	3	4	4	5	6	6	7
8	0	1	2	2	3	4	5	6	6	7	8
9	0	1	2	3	4	5	5	6	7	8	9

	10	11	12	13	14	15	16	17	18	19	
1	1	1	1	1	1	2	2	2	2	2	1
2	2	2	2	3	3	3	3	3	4	4	2
3	3	3	4	4	4	5	5	5	5	6	3
4	4	4	5	5	6	6	6	7	7	8	4
5	5	6	6	7	7	8	8	9	9	10	5
6	6	7	7	8	8	9	10	10	11	11	6
7	7	8	8	9	10	11	11	12	13	13	7
8	8	9	10	10	11	12	13	14	14	15	8
9	9	10	11	12	13	14	14	15	16	17	9

	20	21	22	23	24	25	26	27	28	29	
1	2	2	2	2	2	3	3	3	3	3	1
2	4	4	4	5	5	5	5	5	6	6	2
3	6	6	7	7	7	8	8	8	8	9	3
4	8	8	9	9	10	10	10	11	11	12	4
5	10	11	11	12	12	13	13	14	14	15	5
6	12	13	13	14	14	15	16	16	17	17	6
7	14	15	15	16	17	18	18	19	20	20	7
8	16	17	18	18	19	20	21	22	22	23	8
9	18	19	20	21	22	23	23	24	25	26	9

	30	31	32	33	34	35	36	37	38	39	
1	3	3	3	3	3	4	4	4	4	4	1
2	6	6	6	7	7	7	7	7	8	8	2
3	9	9	10	10	10	11	11	11	11	12	3
4	12	12	13	13	14	14	14	15	15	16	4
5	15	16	16	17	17	18	18	19	19	20	5
6	18	19	19	20	20	21	22	22	23	23	6
7	21	22	22	23	24	25	25	26	27	27	7
8	24	25	26	26	27	28	29	30	30	31	8
9	27	28	29	30	31	32	32	33	34	35	9

	40	41	42	43	44	45	46	47	48	49	
1	4	4	4	4	4	5	5	5	5	5	1
2	8	8	8	9	9	9	9	9	10	10	2
3	12	12	13	13	13	14	14	14	14	15	3
4	16	16	17	17	18	18	18	19	19	20	4
5	20	21	21	22	22	23	23	24	24	25	5
6	24	25	25	26	26	27	28	28	29	29	6
7	28	29	29	30	31	32	32	33	34	34	7
8	32	33	34	34	35	36	37	38	38	39	8
9	36	37	38	39	40	41	41	42	43	44	9

Proportionaltafel

	50	51	52	53	54	55	56	57	58	59	
1	5	5	5	5	5	6	6	6	6	6	1
2	10	10	10	11	11	11	11	11	12	12	2
3	15	15	16	16	16	17	17	17	17	18	3
4	20	20	21	21	22	22	22	23	23	24	4
5	25	26	26	27	27	28	28	29	29	30	5
6	30	31	31	32	32	33	34	34	35	35	6
7	35	36	36	37	38	39	39	40	41	41	7
8	40	41	42	42	43	44	45	46	46	47	8
9	45	46	47	48	49	50	50	51	52	53	9

	60	61	62	63	64	65	66	67	68	69	
1	6	6	6	6	6	7	7	7	7	7	1
2	12	12	12	13	13	13	13	13	14	14	2
3	18	18	19	19	19	20	20	20	20	21	3
4	24	24	25	25	26	26	26	27	27	28	4
5	30	31	31	32	32	33	33	34	34	35	5
6	36	37	37	38	38	39	40	40	41	41	6
7	42	43	43	44	45	46	46	47	48	48	7
8	48	49	50	50	51	52	53	54	54	55	8
9	54	55	56	57	58	59	59	60	61	62	9

	70	71	72	73	74	75	76	77	78	79	
1	7	7	7	7	7	8	8	8	8	8	1
2	14	14	14	15	15	15	15	15	16	16	2
3	21	21	22	22	22	23	23	23	23	24	3
4	28	28	29	29	30	30	30	31	31	32	4
5	35	36	36	37	37	38	38	39	39	40	5
6	42	43	43	44	44	45	46	46	47	47	6
7	49	50	50	51	52	53	53	54	55	55	7
8	56	57	58	58	59	60	61	62	62	63	8
9	63	64	65	66	67	68	68	69	70	71	9

	80	81	82	83	84	85	86	87	88	89	
1	8	8	8	8	8	9	9	9	9	9	1
2	16	16	16	17	17	17	17	17	18	18	2
3	24	24	25	25	25	26	26	26	26	27	3
4	32	32	33	33	34	34	34	35	35	36	4
5	40	41	41	42	42	43	43	44	44	45	5
6	48	49	49	50	50	51	52	52	53	53	6
7	56	57	57	58	59	60	60	61	62	62	7
8	64	65	66	66	67	68	69	70	70	71	8
9	72	73	74	75	76	77	77	78	79	80	9

	90	91	92	93	94	95	96	97	98	99	
1	9	9	9	9	9	10	10	10	10	10	1
2	18	18	18	19	19	19	19	19	20	20	2
3	27	27	28	28	28	29	29	29	29	30	3
4	36	36	37	37	38	38	38	39	39	40	4
5	45	46	46	47	47	48	48	49	49	50	5
6	54	55	55	56	56	57	58	58	59	59	6
7	63	64	64	65	66	67	67	68	69	69	7
8	72	73	74	74	75	76	77	78	78	79	8
9	81	82	83	84	85	86	86	87	88	89	9

Inhalt.

Tafel		Seite
	Vorwort. Beispiele für den Gebrauch der Tafeln	1—2
1.	Verwandlung der 60-Teilung in 10-Teilung; Konstanten	3
2.	Logarithmen der Zinsfaktoren und der Zahlen von 100→1000	4—5
3.	Logarithmen der Sinus, Kosinus, 4. Tangenten, Kotangenten	6—9
5.	Log sin $0°→5°$, Log tg $0°→5°$ und Log α	10
6.	Exponentialfunktion und natürlicher Logarithmus	11
7—8.	Trigonometrische Funktionen	12—15
9.	Quadratzahlen u. -wurzeln; 10. Kubikzahlen u. -wurzeln	16—19
11.	Nomogramm der kubischen Gleichung	20
12.	Bogenlängen, Kreisumfang u. -inhalt, $\sqrt{n}$, natürl. Logarithmen	21
13.	Zinseszins und Renten; 14. Sterblichkeitstafel	22—23
15—17.	Chemische und physikalische Konstanten: 15. Elemente, Dichte; 16. Beschleunigung, Geschwindigkeit; 17. Gleichschwebende Stimmung, Optische Konstanten, Wellenlängen	24
18.	Elastizität, Zugfestigkeit, Dichte, Ausdehnung, Schmelz- und Siedepunkte, kritische Temperatur, Widerstände usw.	25
19.	Barometer, Kimm, Masse des Atoms und der Elektronen	26
20.	Münzen; 21. Maße und Gewichte	26
22.	Erde, Sonne, Mond, Planeten, Kometen, Fixsterne, Weltzeit	27
23.	Abweichung der Sonne, Zeitgleichung, Sternzeit	28—29
24.	Sternwarten	29
25.	Anhang: Mathematische Formeln	31—38

1. Potenzen, Wurzeln, Logarithmen	31	6. Stereometrie	33
2. Arithmetische Reihen	31	7. Ebene Trigonometrie	34
Geometrische Reihen, Zinseszins	32	8. Sphärische Trigonometrie	35
3. Kombinatorik und binomischer Satz	32	9. Analytische Geometrie	35
4. Gleichungen	32	10. Differential- und Integralrechnung	37
5. Ebene Geometrie	33	11. Reihen	38

Zum Ausklappen: Proportionaltafel und Proportionalteile für Minuten.

Zu der Einrichtung und Ausstattung sei folgendes bemerkt:

Die Ziffern sind in Reihen und Spalten zu je 3 möglichst übersichtlich geordnet, um schnelles Auffinden der gesuchten Zahl zu gewährleisten. Kleine Unterschiede bei Umrandung und Trennungslinien sind absichtlich angebracht, damit jede Tafel ein eigenes Gepräge erhält und Verwechslungen so leichter vermieden werden.

Das äußerlich weniger ansprechende gelbe Papier hat deshalb Verwendung gefunden, weil es sich nicht nur beim Gebrauch als außerordentlich widerstandsfähig und unempfindlich erweist, sondern weil sich auf Grund von Versuchen auch ergeben hat, daß die Ziffern auf gelblichem Papier für das Auge leichter und klarer zu erfassen sind als auf weißem. Auf vielseitigen Wunsch wird die Tafel jetzt nur noch in Ganzleinenband geliefert.

Vorwort.

Als vor 30 Jahren diese Tafel zum ersten Male erschien, waren schon etwa 20 vierstellige Tafeln vorhanden, aber ihre Verbreitung war gering; es wurde im Unterricht nur fünf- und siebenstellig gerechnet. Inzwischen ist es — nicht zum wenigsten durch die Arbeiten des Verfassers — Allgemeingut aller Schulmathematiker geworden, daß durch 4 Stellen und die Dezimalteilung des Grades eine dem Sinne aller Aufgaben, die auf der Schule vorkommen, entsprechende Genauigkeit erzielt werden kann und die Benutzung weitergehender Tafeln eine sinnwidrige und nutzlose Belastung der Arbeitskraft bedeutet. Die preußische Schulreform von 1925, die vierstellige Tafeln vorschreibt, bildet den Schlußstein dieser Entwicklung.

Unter den vorhandenen Tafeln haben Kürze der Rechnung, Übersichtlichkeit und Vollständigkeit dieser Tafel stets eine führende Rolle gesichert. Die Tafeln der Logarithmen von Zahlen (Zinsfaktoren) und Winkelfunktionen sind auf nur 7 Seiten so angeordnet, daß die einzelnen Tafeln ohne zeitraubendes und unbequemes Umblättern benutzt werden können. Die Einteilung der Winkel in Zehntelgrade (s. Verhandlungen der Naturforscher-Versammlung 1899) gibt die höchste sichere Ausnutzung vierstelliger Tafeln, und sie erleichtert auch die Rechnung durch die gleiche Interpolation bei Zahlen und Winkelfunktionen; ferner werden dadurch die Schwierigkeiten beim log sin kleiner Winkel (z. B. bei Parallaxen) beseitigt. Da viele Aufgabensammlungen noch Minuten enthalten, so sind auch Proportionalteile für Minuten beigefügt. Besondere Tafeln der Quadrat- und Kubikzahlen und -wurzeln usw. tragen zur Erleichterung des Zahlenrechnens bei. Schließlich schaffen die zahlreichen, mit den neuesten Ergebnissen der Wissenschaft übereinstimmenden Angaben aus Naturwissenschaft und Technik, aus Astronomie, Nautik, Lebensversicherung usw. die Möglichkeit, gekünstelte Aufgaben durch Wirklichkeitsaufgaben aus allen diesen Sachgebieten zwanglos zu ersetzen.

Neben der Ausgabe A erscheint auch eine Ausgabe B mit Anhang „Mathematische Formeln".

Die 17. Auflage ist auf mehrfachen Wunsch vermehrt durch eine Tabelle und ein Nomogramm der Exponentialfunktion und der natürlichen Logarithmen, ferner durch ausführlichere Angabe der trigonometrischen Funktionen. Dagegen konnte ich mich nicht entschließen, in Tafel 2 statt der Logarithmen der Zahlen 100 bis 200 diejenigen der Zahlen 1000 bis 2000 zu geben, da hiermit für die Genauigkeit dieser Tafel nichts gewonnen und die Tafel selbst nur ihre Übersichtlichkeit einbüßen würde. Da jetzt in jedem Lehrbuch das Notwendige über den Rechenschieber gebracht wird, konnte er hier nunmehr in Fortfall kommen.

Auch fernerhin werden Verfasser und Verleger bestrebt sein, die Tafel auf der Höhe zu halten.

Berlin-Tempelhof, im März 1928.

A. Schülke.

Beispiele für den Gebrauch der Tafeln.

Tafel 1.

$$24^0 38' 49'' = 24{,}633$$
$$\underline{\ 014}$$
$$= 24{,}65^0$$

$$1{,}348^0 = 1^0 18'$$
$$2' 24''$$
$$\underline{29''}$$
$$= 1^0 20' 53''$$

Tafel 2. $\left[\frac{D}{10} \cdot n\right]$

$$\log 2498 = 3.3962 \qquad 1{,}7 \cdot 8$$
$$\underline{14}$$
$$= 3.3976$$

$\left[d : \frac{D}{10}\right]$

$$\log x = 0.2617 - 1 \qquad x = 0{,}1827$$
$$16 : 2{,}4$$

Tafel 3.

$$\log \sin 15{,}89^0 = 9.4350 \qquad 2{,}7 \cdot 9$$
$$\underline{24}$$
$$= 9.4374$$

$$\log \sin x = 9.7548 \qquad x = 34{,}65^0$$
$$6 : 1{,}1$$

$$\log \sin x = 9.7548 \qquad \sin x = 0{,}5686$$
$$5 : 8$$

Tafel 3 u. 4.

$$\log \cos 63{,}24^0 = 9.6541 \qquad 1{,}5 \cdot 4$$
$$\underline{-6}$$
$$= 9{,}6535$$

$$\log \operatorname{ctg} x = 9.5502 \qquad x = 70{,}46^0$$
$$\underline{16}$$
$$14 : 25$$

$$\log \sin 12^0 15' = 9.3250 \qquad \frac{34}{6} \cdot 3$$
$$[15' = 12' + 3'] \qquad \underline{17}$$
$$= 9.3267$$

$$\log \operatorname{tg} x = 0.1271 \qquad x = 53^0 12'$$
$$\underline{60} \qquad + 4'$$
$$11 : \frac{16}{6}$$

Die Rechnung wird durch eine besondere Proportionaltafel für Minuten erleichtert.

Tafel 5.

$$\log \sin 0{,}000\,21^0 = \log \sin 0{,}21^0 - 3$$
$$= \log 0{,}000\,21^0 = 4.5641$$
$$\sin 0{,}000\,21 = 3{,}66 \cdot 10^{-6}$$

$$\log \operatorname{tg} x = 8.9024 \qquad x = 4{,}567^0$$
$$\underline{-14}$$
$$\log \sin x = 8.9010$$
$$6 : 9$$

Tafel 7 u. 8.

$$\sin 13{,}46^0 = 0{,}2317 \qquad 17 \cdot 6$$
$$\underline{10}$$
$$= 0{,}2327$$

$$\operatorname{ctg} x = 0{,}4614 \qquad x = 65{,}23^0$$
$$7 : 22$$

Tafel 12.

$$\operatorname{arc} 81{,}56^0 = 1{,}414$$
$$\underline{98}$$
$$= 1{,}424$$

$$\operatorname{arc} \alpha = 2{,}869 \qquad \alpha = 164{,}4^0$$
$$\operatorname{arc} 100^0 = \underline{1{,}745}$$
$$\operatorname{arc} 64^0 \quad 1{,}124$$
$$\underline{17}$$
$$7$$

Die Proportionalteile können meist im Kopf berechnet werden.

Für größere Differenzen dient die ausklappbare Tafel am Anfange des Buches. In Tafel 2 wird die Bildung der Differenzen vom Ende einer Zeile zum Anfange der nächsten erleichtert durch die Zahlen D.

Tafel 1

Verwandlung der Minuten in Dezimalteile des Grades,

Minuten	0	1	2	3	4	5	6	7	8	9
0	0,000	016.	033.	050	066.	083.	100	116.	133.	150
10	0,166.	183.	200	216.	233.	250	266.	283.	300	316.
20	0,333.	350	366.	383.	400	416.	433.	450	466.	483.
30	0,500	516.	533.	550	566.	583.	600	616.	633.	650
40	0,666.	683.	700	716.	733.	750	766.	783.	800	816.
50	0,833.	850	866.	883.	900	916.	933.	950	966.	983.

Sekunden in Dezimalteile des Grades,

Sekunden	0	1	2	3	4	5	6	7	8	9
0	0,00	03	06	08	11	14	17	19	22	25
10	0,00 28	31	33	36	39	42	44	47	50	53
20	0,00 56	58	61	64	67	69	72	75	78	81
30	0,00 83	86	89	92	94	97	0100	0103	0106	0108
40	0,01 11	14	17	19	22	25	28	31	33	36
50	0,01 39	42	44	47	50	53	56	58	61	64

Dezimalteile des Grades in Minuten und Sekunden.

Grad	1	2	3	4	5	6	7	8	9
$0,1°$	$6'$	$12'$	$18'$	$24'$	$30'$	$36'$	$42'$	$48'$	$54'$
$0,01°$	$36''$	$1'12''$	$1'48''$	$2'24''$	$3'$	$3'36''$	$4'12''$	$4'48''$	$5'24''$
$0,001°$	$3,''6$	$7,''2$	$10,''8$	$14,''4$	$18''$	$21,''6$	$25,''2$	$28,''8$	$32,''4$

Konst.

Sekunden können durch vierstellige Rechnung nur bei Winkeln $< 3°$ und $> 87°$ bestimmt werden.

Durch Dezimalteilung erhält man etwa halb so große Differenzen und doppelte Genauigkeit wie durch Minuten (60 : 100).

Konstanten.

	n	$\log n$	$\log \frac{1}{n}$		n	$\log n$
π	3,1416	0.4971	9.5029	$\varrho = 180° : \pi = 57,30°;$		1.7581
2π	6,283	0.7982	9.2018	$\pi : 180 = \text{arc } 1° = 0,01745$		8.2419
4π	12,566	1.0992	8.9008	$e = 2,7183;$ $\log e = M = 0.4343$		
$\pi : 4$	0,7854	9.8951	0.1049	$\log a = 0,4343 \cdot \log \text{nat } a$		
$\pi : 6$	0,5236	9.7190	0.2810	$\log \text{nat } a = 2,3026 \cdot \log a$		
$4\pi : 3$ ..	4,189	0.6221	9.3779	$1 \cdot 2 \cdot 3 \cdot 4 \cdots n = n!$		
$\sqrt{\pi}$	1,772	0.2486	9.7514	$\log 5! = 2.0792$	$\log 10! = 6.5598$	
$\sqrt[3]{4\pi : 3}$ ..	1,612	0.2074	9.7926	$\log 15! = 12.1165$	$\log 20! = 18.3861$	
$\sqrt[3]{\pi : 6}$ ...	0,8060	9.9063	0.0937	$\log 25! = 25.1906$	$\log 30! = 32.4237$	
π^2	9,870	0.9943	9.0057	$\log 35! = 40.0142$	$\log 40! = 47.9116$	

Log x

Tafel 2 Die Logarithmen von 1000→1099 5stellig, von 100→499 4stellig.

Zahl	0	1	2	3	4	5	6	7	8	9	D.
100	00 000	043	087	130	173	217	260	303	346	389	43
101	00 432	475	518	561	604	647	689	732	775	817	43
102	860	903	945	988	01 *030	*072	*115	*157	*199	*242	42
103	01 284	326	368	410	452	494	536	578	620	662	41
104	703	745	787	828	870	912	953	995	*036	*078	41
105	02 119	160	202	243	284	325	366	407	449	490	41
106	531	572	612	653	694	735	776	816	857	898	40
107	938	979	*019	*060	*100	*141	*181	*222	*262	*302	40
108	03 342	383	423	463	503	543	583	623	663	703	40
109	743	782	822	862	902	941	981	*021	*060	*100	39
10	0000	0043	0086	0128	0170	0212	0253	0294	0334	0374	40
11	0414	0453	0492	0531	0569	0607	0645	0682	0719	0755	37
12	0792	0828	0864	0899	0934	0969	1004	1038	1072	1106	33
13	1139	1173	1206	1239	1271	1303	1335	1367	1399	1430	31
14	1461	1492	1523	1553	1584	1614	1644	1673	1703	1732	29
15	1761	1790	1818	1847	1875	1903	1931	1959	1987	2014	27
16	2041	2068	2095	2122	2148	2175	2201	2227	2253	2279	25
17	2304	2330	2355	2380	2405	2430	2455	2480	2504	2529	24
18	2553	2577	2601	2625	2648	2672	2695	2718	2742	2765	23
19	2788	2810	2833	2856	2878	2900	2923	2945	2967	2989	21
20	3010	3032	3054	3075	3096	3118	3139	3160	3181	3201	21
21	3222	3243	3263	3284	3304	3324	3345	3365	3385	3404	20
22	3424	3444	3464	3483	3502	3522	3541	3560	3579	3598	19
23	3617	3636	3655	3674	3692	3711	3729	3747	3766	3784	18
24	3802	3820	3838	3856	3874	3892	3909	3927	3945	3962	17
25	3979	3997	4014	4031	4048	4065	4082	4099	4116	4133	17
26	4150	4166	4183	4200	4216	4232	4249	4265	4281	4298	16
27	4314	4330	4346	4362	4378	4393	4409	4425	4440	4456	16
28	4472	4487	4502	4518	4533	4548	4564	4579	4594	4609	15
29	4624	4639	4654	4669	4683	4698	4713	4728	4742	4757	14
30	4771	4786	4800	4814	4829	4843	4857	4871	4886	4900	14
31	4914	4928	4942	4955	4969	4983	4997	5011	5024	5038	13
32	5051	5065	5079	5092	5105	5119	5132	5145	5159	5172	13
33	5185	5198	5211	5224	5237	5250	5263	5276	5289	5302	13
34	5315	5328	5340	5353	5366	5378	5391	5403	5416	5428	13
35	5441	5453	5465	5478	5490	5502	5514	5527	5539	5551	12
36	5563	5575	5587	5599	5611	5623	5635	5647	5658	5670	12
37	5682	5694	5705	5717	5729	5740	5752	5763	5775	5786	12
38	5798	5809	5821	5832	5843	5855	5866	5877	5888	5899	12
39	5911	5922	5933	5944	5955	5966	5977	5988	5999	6010	11
40	6021	6031	6042	6053	6064	6075	6085	6096	6107	6117	11
41	6128	6138	6149	6160	6170	6180	6191	6201	6212	6222	10
42	6232	6243	6253	6263	6274	6284	6294	6304	6314	6325	10
43	6335	6345	6355	6365	6375	6385	6395	6405	6415	6425	10
44	6435	6444	6454	6464	6474	6484	6493	6503	6513	6522	10
45	6532	6542	6551	6561	6571	6580	6590	6599	6609	6618	10
46	6628	6637	6646	6656	6665	6675	6684	6693	6702	6712	9
47	6721	6730	6739	6749	6758	6767	6776	6785	6794	6803	9
48	6812	6821	6830	6839	6848	6857	6866	6875	6884	6893	9
49	6902	6911	6920	6928	6937	6946	6955	6964	6972	6981	9

Spalte D enthält die Differenz des letzten Log mit dem ersten der folgenden Zeile.

Die Logarithmen der Zahlen von 500 → 999. Tafel 2

Zahl	0	1	2	3	4	5	6	7	8	9	D.
50	6990	6998	7007	7016	7024	7033	7042	7050	7059	7067	9
51	7076	7084	7093	7101	7110	7118	7126	7135	7143	7152	8
52	7160	7168	7177	7185	7193	7202	7210	7218	7226	7235	8
53	7243	7251	7259	7267	7275	7284	7292	7300	7308	7316	8
54	7324	7332	7340	7348	7356	7364	7372	7380	7388	7396	8
55	7404	7412	7419	7427	7435	7443	7451	7459	7466	7474	8
56	7482	7490	7497	7505	7513	7520	7528	7536	7543	7551	8
57	7559	7566	7574	7582	7589	7597	7604	7612	7619	7627	7
58	7634	7642	7649	7657	7664	7672	7679	7686	7694	7701	8
59	7709	7716	7723	7731	7738	7745	7752	7760	7767	7774	8
60	7782	7789	7796	7803	7810	7818	7825	7832	7839	7846	7
61	7853	7860	7868	7875	7882	7889	7896	7903	7910	7917	7
62	7924	7931	7938	7945	7952	7959	7966	7973	7980	7987	6
63	7993	8000	8007	8014	8021	8028	8035	8041	8048	8055	7
64	8062	8069	8075	8082	8089	8096	8102	8109	8116	8122	7
65	8129	8136	8142	8149	8156	8162	8169	8176	8182	8189	6
66	8195	8202	8209	8215	8222	8228	8235	8241	8248	8254	7
67	8261	8267	8274	8280	8287	8293	8299	8306	8312	8319	6
68	8325	8331	8338	8344	8351	8357	8363	8370	8376	8382	6
69	8388	8395	8401	8407	8414	8420	8426	8432	8439	8445	6
70	8451	8457	8463	8470	8476	8482	8488	8494	8500	8506	7
71	8513	8519	8525	8531	8537	8543	8549	8555	8561	8567	6
72	8573	8579	8585	8591	8597	8603	8609	8615	8621	8627	6
73	8633	8639	8645	8651	8657	8663	8669	8675	8681	8686	6
74	8692	8698	8704	8710	8716	8722	8727	8733	8739	8745	6
75	8751	8756	8762	8768	8774	8779	8785	8791	8797	8802	6
76	8808	8814	8820	8825	8831	8837	8842	8848	8854	8859	6
77	8865	8871	8876	8882	8887	8893	8899	8904	8910	8915	6
78	8921	8927	8932	8938	8943	8949	8954	8960	8965	8971	5
79	8976	8982	8987	8993	8998	9004	9009	9015	9020	9025	6
80	9031	9036	9042	9047	9053	9058	9063	9069	9074	9079	6
81	9085	9090	9096	9101	9106	9112	9117	9122	9128	9133	5
82	9138	9143	9149	9154	9159	9165	9170	9175	9180	9186	5
83	9191	9196	9201	9206	9212	9217	9222	9227	9232	9238	5
84	9243	9248	9253	9258	9263	9269	9274	9279	9284	9289	5
85	9294	9299	9304	9309	9315	9320	9325	9330	9335	9340	5
86	9345	9350	9355	9360	9365	9370	9375	9380	9385	9390	5
87	9395	9400	9405	9410	9415	9420	9425	9430	9435	9440	5
88	9445	9450	9455	9460	9465	9469	9474	9479	9484	9489	5
89	9494	9499	9504	9509	9513	9518	9523	9528	9533	9538	4
90	9542	9547	9552	9557	9562	9566	9571	9576	9581	9586	4
91	9590	9595	9600	9605	9609	9614	9619	9624	9628	9633	5
92	9638	9643	9647	9652	9657	9661	9666	9671	9675	9680	5
93	9685	9689	9694	9699	9703	9708	9713	9717	9722	9727	4
94	9731	9736	9741	9745	9750	9754	9759	9763	9768	9773	4
95	9777	9782	9786	9791	9795	9800	9805	9809	9814	9818	5
96	9823	9827	9832	9836	9841	9845	9850	9854	9859	9863	5
97	9868	9872	9877	9881	9886	9890	9894	9899	9903	9908	4
98	9912	9917	9921	9926	9930	9934	9939	9943	9948	9952	4
99	9956	9961	9965	9969	9974	9978	9983	9987	9991	9996	4

Log *x*

5

Tafel 3

Log sin $0^0 \rightarrow 45^0$

Log sin x

Siehe S. 10

	0′	6′	12′	18′	24′	30′	36′	42′	48′	54′	60′	
Grad	,0	,1	,2	,3	,4	,5	,6	,7	,8	,9	1,0	
0	—	7.2419	5429	7190	8439	9408	*0200	*0870	*1450	*1961	*2419	89
1	8.2419	2832	3210	3558	3880	4179	4459	4723	4971	5206	5428	88
2	5428	5640	5842	6035	6220	6397	6567	6731	6889	7041	7188	87
3	7188	7330	7468	7602	7731	7857	7979	8098	8213	8326	8436	86
4	8.8436	8543	8647	8749	8849	8946	9042	9135	9226	9315	9403	85
5	9403	9489	9573	9655	9736	9816	9894	9970	*0046	*0120	0192	84
6	9.0192	0264	0334	0403	0472	0539	0605	0670	0734	0797	0859	83
7	9.0859	0920	0981	1040	1099	1157	1214	1271	1326	1381	1436	82
8	1436	1489	1542	1594	1646	1697	1747	1797	1847	1895	1943	81
9	1943	1991	2038	2085	2131	2176	2221	2266	2310	2353	2397	**80**
10	9.2397	2439	2482	2524	2565	2606	2647	2687	2727	2767	2806	79
11	9.2806	2845	2883	2921	2959	2997	3034	3070	3107	3143	3179	78
12	3179	3214	3250	3284	3319	3353	3387	3421	3455	3488	3521	77
13	3521	3554	3586	3618	3650	3682	3713	3745	3775	3806	3837	76
14	9.3837	3867	3897	3927	3957	3986	4015	4044	4073	4102	4130	75
15	4130	4158	4186	4214	4242	4269	4296	4323	4350	4377	4403	74
16	4403	4430	4456	4482	4508	4533	4559	4584	4609	4634	4659	73
17	9.4659	4684	4709	4733	4757	4781	4805	4829	4853	4876	4900	72
18	4900	4923	4946	4969	4992	5015	5037	5060	5082	5104	5126	71
19	5126	5148	5170	5192	5213	5235	5256	5278	5299	5320	5341	**70**
20	9.5341	5361	5382	5402	5423	5443	5463	5484	5504	5523	5543	69
21	9.5543	5563	5583	5602	5621	5641	5660	5679	5698	5717	5736	68
22	5736	5754	5773	5792	5810	5828	5847	5865	5883	5901	5919	67
23	5919	5937	5954	5972	5990	6007	6024	6042	6059	6076	6093	66
24	9.6093	6110	6127	6144	6161	6177	6194	6210	6227	6243	6259	65
25	6259	6276	6292	6308	6324	6340	6356	6371	6387	6403	6418	64
26	6418	6434	6449	6465	6480	6495	6510	6526	6541	6556	6570	63
27	9.6570	6585	6600	6615	6629	6644	6659	6673	6687	6702	6716	62
28	6716	6730	6744	6759	6773	6787	6801	6814	6828	6842	6856	61
29	6856	6869	6883	6896	6910	6923	6937	6950	6963	6977	6990	**60**
30	9.6990	7003	7016	7029	7042	7055	7068	7080	7093	7106	7118	59
31	9.7118	7131	7144	7156	7168	7181	7193	7205	7218	7230	7242	58
32	7242	7254	7266	7278	7290	7302	7314	7326	7338	7349	7361	57
33	7361	7373	7384	7396	7407	7419	7430	7442	7453	7464	7476	56
34	9.7476	7487	7498	7509	7520	7531	7542	7553	7564	7575	7586	55
35	7586	7597	7607	7618	7629	7640	7650	7661	7671	7682	7692	54
36	7692	7703	7713	7723	7734	7744	7754	7764	7774	7785	7795	53
37	9.7795	7805	7815	7825	7835	7844	7854	7864	7874	7884	7893	52
38	7893	7903	7913	7922	7932	7941	7951	7960	7970	7979	7989	51
39	7989	7998	8007	8017	8026	8035	8044	8053	8003	8072	8081	**50**
40	9.8081	8090	8099	8108	8117	8125	8134	8143	8152	8161	8169	49
41	9.8169	8178	8187	8195	8204	8213	8221	8230	8238	8247	8255	48
42	8255	8264	8272	8280	8289	8297	8305	8313	8322	8330	8338	47
43	8338	8346	8354	8362	8370	8378	8386	8394	8402	8410	8418	46
44	9.8418	8426	8433	8441	8449	8457	8464	8472	8480	8487	8495	45
	1,0	,9	,8	,7	,6	,5	,4	,3	,2	,1	,0	Grad
	60′	54′	48′	42′	36′	30′	24′	18′	12′	6′	0′	

Log cos $45^0 \rightarrow 90^0$

Log sin 45°→90° Tafel 3

	0′	6′	12′	18′	24′	30′	36′	42′	48′	54′	60′	
Grad	,0	,1	,2	,3	,4	,5	,6	,7	,8	,9	1,0	
45	9.8495	8502	8510	8517	8525	8532	8540	8547	8555	8562	8569	44
46	8569	8577	8584	8591	8598	8606	8613	8620	8627	8634	8641	43
47	9.8641	8648	8655	8662	8669	8676	8683	8690	8697	8704	8711	42
48	8711	8718	8724	8731	8738	8745	8751	8758	8765	8771	8778	41
49	8778	8784	8791	8797	8804	8810	8817	8823	8830	8836	8843	**40**
50	9.8843	8849	8855	8862	8868	8874	8880	8887	8893	8899	8905	39
51	9.8905	8911	8917	8923	8929	8935	8941	8947	8953	8959	8965	38
52	8965	8971	8977	8983	8989	8995	9000	9006	9012	9018	9023	37
53	9023	9029	9035	9041	9046	9052	9057	9063	9069	9074	9080	36
54	9.9080	9085	9091	9096	9101	9107	9112	9118	9123	9128	9134	35
55	9134	9139	9144	9149	9155	9160	9165	9170	9175	9181	9186	34
56	9186	9191	9196	9201	9206	9211	9216	9221	9226	9231	9236	33
57	9.9236	9241	9246	9251	9255	9260	9265	9270	9275	9279	9284	32
58	9284	9289	9294	9298	9303	9308	9312	9317	9322	9326	9331	31
59	9331	9335	9340	9344	9349	9353	9358	9362	9367	9371	9375	**30**
60	9.9375	9380	9384	9388	9393	9397	9401	9406	9410	9414	9418	29
61	9.9418	9422	9427	9431	9435	9439	9443	9447	9451	9455	9459	28
62	9459	9463	9467	9471	9475	9479	9483	9487	9491	9495	9499	27
63	9499	9503	9506	9510	9514	9518	9522	9525	9529	9533	9537	26
64	9.9537	9540	9544	9548	9551	9555	9558	9562	9566	9569	9573	25
65	9573	9576	9580	9583	9587	9590	9594	9597	9601	9604	9607	24
66	9607	9611	9614	9617	9621	9624	9627	9631	9634	9637	9640	23
67	9.9640	9643	9647	9650	9653	9656	9659	9662	9666	9669	9672	22
68	9672	9675	9678	9681	9684	9687	9690	9693	9696	9699	9702	21
69	9702	9704	9707	9710	9713	9716	9719	9722	9724	9727	9730	**20**
70	9.9730	9733	9735	9738	9741	9743	9746	9749	9751	9754	9757	19
71	9.9757	9759	9762	9764	9767	9770	9772	9775	9777	9780	9782	18
72	9782	9785	9787	9789	9792	9794	9797	9799	9801	9804	9806	17
73	9806	9808	9811	9813	9815	9817	9820	9822	9824	9826	9828	16
74	9.9828	9831	9833	9835	9837	9839	9841	9843	9845	9847	9849	15
75	9849	9851	9853	9855	9857	9859	9861	9863	9865	9867	9869	14
76	9869	9871	9873	9875	9876	9878	9880	9882	9884	9885	9887	13
77	9.9887	9889	9891	9892	9894	9896	9897	9899	9901	9902	9904	12
78	9904	9906	9907	9909	9910	9912	9913	9915	9916	9918	9919	11
79	9919	9921	9922	9924	9925	9927	9928	9929	9931	9932	9934	**10**
80	9.9934	9935	9936	9937	9939	9940	9941	9943	9944	9945	9946	9
81	9.9946	9947	9949	9950	9951	9952	9953	9954	9955	9956	9958	8
82	9958	9959	9960	9961	9962	9963	9964	9965	9966	9967	9968	7
83	9968	9968	9969	9970	9971	9972	9973	9974	9975	9975	9976	6
84	9.9976	9977	9978	9978	9979	9980	9981	9981	9982	9983	9983	5
85	9983	9984	9985	9985	9986	9987	9987	9988	9988	9989	9989	4
86	9989	9990	9990	9991	9991	9992	9992	9993	9993	9994	9994	3
87	9.9994	9994	9995	9995	9996	9996	9996	9996	9997	9997	9997	2
88	9997	9998	9998	9998	9998	9999	9999	9999	9999	9999	9999	1
89	9999	9999	*0000	*0000	*0000	*0000	*0000	*0000	*0000	*0000	*0000	**0**
	1,0	,9	,8	,7	,6	,5	,4	,3	,2	,1	,0	Grad
	60′	54′	48′	42′	36′	30′	24′	18′	12′	6′	0′	

Log sin x

Tafel 4

Log tang 0° → 45°

Log tg x

Siehe S. 10.

	0′	6′	12′	18′	24′	30′	36′	42′	48′	54′	60′	
Grad	,0	,1	,2	,3	,4	,5	,6	,7	,8	,9	1,0	
0	—	7.2419	5429	7190	8439	9409	*0200	*0870	*1450	*1962	*2419	89
1	8.2419	2833	3211	3559	3881	4181	4461	4725	4973	5208	5431	88
2	5431	5643	5845	6038	6223	6401	6571	6736	6894	7046	7194	87
3	7194	7337	7475	7609	7739	7865	7988	8107	8223	8336	8446	86
4	8.8446	8554	8659	8762	8862	8960	9056	9150	9241	9331	9420	85
5	9420	9506	9591	9674	9756	9836	9915	9992	*0068	*0143	*0216	84
6	9.0216	0289	0360	0430	0499	0567	0633	0699	0764	0828	0891	83
7	9.0891	0954	1015	1076	1135	1194	1252	1310	1367	1423	1478	82
8	1478	1533	1587	1640	1693	1745	1797	1848	1898	1948	1997	81
9	1997	2046	2094	2142	2189	2236	2282	2328	2374	2419	2463	**80**
10	9.2463	2507	2551	2594	2637	2680	2722	2764	2805	2846	2887	79
11	9.2887	2927	2967	3006	3046	3085	3123	3162	3200	3237	3275	78
12	3275	3312	3349	3385	3422	3458	3493	3529	3564	3599	3634	77
13	3634	3668	3702	3736	3770	3804	3837	3870	3903	3935	3968	76
14	9.3968	4000	4032	4064	4095	4127	4158	4189	4220	4250	4281	75
15	4281	4311	4341	4371	4400	4430	4459	4488	4517	4546	4575	74
16	4575	4603	4632	4660	4688	4716	4744	4771	4799	4826	4853	73
17	9.4853	4880	4907	4934	4961	4987	5014	5040	5066	5092	5118	72
18	5118	5143	5169	5195	5220	5245	5270	5295	5320	5345	5370	71
19	5370	5394	5419	5443	5467	5491	5516	5539	5563	5587	5611	**70**
20	9.5611	5634	5658	5681	5704	5727	5750	5773	5796	5819	5842	69
21	9.5842	5864	5887	5909	5932	5954	5976	5998	6020	6042	6064	68
22	6064	6086	6108	6129	6151	6172	6194	6215	6236	6257	6279	67
23	6279	6300	6321	6341	6362	6383	6404	6424	6445	6465	6486	66
24	9.6486	6506	6527	6547	6567	6587	6607	6627	6647	6667	6687	65
25	6687	6706	6726	6746	6765	6785	6804	6824	6843	6863	6882	64
26	6882	6901	6920	6939	6958	6977	6996	7015	7034	7053	7072	63
27	9.7072	7090	7109	7128	7146	7165	7183	7202	7220	7238	7257	62
28	7257	7275	7293	7311	7330	7348	7366	7384	7402	7420	7438	61
29	7438	7455	7473	7491	7509	7526	7544	7562	7579	7597	7614	**60**
30	9.7614	7632	7649	7667	7684	7701	7719	7736	7753	7771	7788	59
31	9.7788	7805	7822	7839	7856	7873	7890	7907	7924	7941	7958	58
32	7958	7975	7992	8008	8025	8042	8059	8075	8092	8109	8125	57
33	8125	8142	8158	8175	8191	8208	8224	8241	8257	8274	8290	56
34	9.8290	8306	8323	8339	8355	8371	8388	8404	8420	8436	8452	55
35	8452	8468	8484	8501	8517	8533	8549	8565	8581	8597	8613	54
36	8613	8629	8644	8660	8676	8692	8708	8724	8740	8755	8771	53
37	9.8771	8787	8803	8818	8834	8850	8865	8881	8897	8912	8928	52
38	8928	8944	8959	8975	8990	9006	9022	9037	9053	9068	9084	51
39	9084	9099	9115	9130	9146	9161	9176	9192	9207	9223	9238	**50**
40	9.9238	9254	9269	9284	9300	9315	9330	9346	9361	9376	9392	49
41	9.9392	9407	9422	9438	9453	9468	9483	9499	9514	9529	9544	48
42	9544	9560	9575	9590	9605	9621	9636	9651	9666	9681	9697	47
43	9697	9712	9727	9742	9757	9772	9788	9803	9818	9833	9848	46
44	9848	9864	9879	9894	9909	9924	9939	9955	9970	9985	*0000	45
	1,0	,9	,8	,7	,6	,5	,4	,3	,2	,1	,0	Grad
	60′	54′	48′	42′	36′	30′	24′	18	12′	6′	0′	

Log cotang 45° → 90°

Log tang 45°→90°   Tafel 4

Grad	0' ,0	6' ,1	12' ,2	18' ,3	24' ,4	30' ,5	36' ,6	42' ,7	48' ,8	54' ,9	60' 1,0	
45	0.0000	0015	0030	0045	0061	0076	0091	0106	0121	0136	0152	44
46	0152	0167	0182	0197	0212	0228	0243	0258	0273	0288	0303	43
47	0.0303	0319	0334	0349	0364	0379	0395	0410	0425	0440	0456	42
48	0456	0471	0486	0501	0517	0532	0547	0562	0578	0593	0608	41
49	0608	0624	0639	0654	0670	0685	0700	0716	0731	0746	0762	40
50	0.0762	0777	0793	0808	0824	0839	0854	0870	0885	0901	0916	39
51	0.0916	0932	0947	0963	0978	0994	1010	1025	1041	1056	1072	38
52	1072	1088	1103	1119	1135	1150	1166	1182	1197	1213	1229	37
53	1229	1245	1260	1276	1292	1308	1324	1340	1356	1371	1387	36
54	0.1387	1403	1419	1435	1451	1467	1483	1499	1516	1532	1548	35
55	1548	1564	1580	1596	1612	1629	1645	1661	1677	1694	1710	34
56	1710	1726	1743	1759	1776	1792	1809	1825	1842	1858	1875	33
57	0.1875	1891	1908	1925	1941	1958	1975	1992	2008	2025	2042	32
58	2042	2059	2076	2093	2110	2127	2144	2161	2178	2195	2212	31
59	2212	2229	2247	2264	2281	2299	2316	2333	2351	2368	2386	30
60	0.2386	2403	2421	2438	2456	2474	2491	2509	2527	2545	2562	29
61	0.2562	2580	2598	2616	2634	2652	2670	2689	2707	2725	2743	28
62	2743	2762	2780	2798	2817	2835	2854	2872	2891	2910	2928	27
63	2928	2947	2966	2985	3004	3023	3042	3061	3080	3099	3118	26
64	0.3118	3137	3157	3176	3196	3215	3235	3254	3274	3294	3313	25
65	3313	3333	3353	3373	3393	3413	3433	3453	3473	3494	3514	24
66	3514	3535	3555	3576	3596	3617	3638	3659	3679	3700	3721	23
67	0.3721	3743	3764	3785	3806	3828	3849	3871	3892	3914	3936	22
68	3936	3958	3980	4002	4024	4046	4068	4091	4113	4136	4158	21
69	4158	4181	4204	4227	4250	4273	4296	4319	4342	4366	4389	20
70	0.4389	4413	4437	4461	4484	4509	4533	4557	4581	4606	4630	19
71	0.4630	4655	4680	4705	4730	4755	4780	4805	4831	4857	4882	18
72	4882	4908	4934	4960	4986	5013	5039	5066	5093	5120	5147	17
73	5147	5174	5201	5229	5256	5284	5312	5340	5368	5397	5425	16
74	0.5425	5454	5483	5512	5541	5570	5600	5629	5659	5689	5719	15
75	5719	5750	5780	5811	5842	5873	5905	5936	5968	6000	6032	14
76	6032	6065	6097	6130	6163	6196	6230	6264	6298	6332	6366	13
77	0.6366	6401	6436	6471	6507	6542	6578	6615	6651	6688	6725	12
78	6725	6763	6800	6838	6877	6915	6954	6994	7033	7073	7113	11
79	7113	7154	7195	7236	7278	7320	7363	7406	7449	7493	7537	10
80	0.7537	7581	7626	7672	7718	7764	7811	7858	7906	7954	8003	9
81	0.8003	8052	8102	8152	8203	8255	8307	8360	8413	8467	8522	8
82	8522	8577	8633	8690	8748	8806	8865	8924	8985	9046	9109	7
83	9109	9172	9236	9301	9367	9433	9501	9570	9640	9711	9784	6
84	0.9784	9857	9932	*0008	*0085	*0164	*0244	*0326	*0409	*0494	*0580	5
85	1.0580	0669	0759	0850	0944	1040	1138	1238	1341	1446	1554	4
86	1554	1664	1777	1893	2012	2135	2261	2391	2525	2663	2806	3
87	1.2806	2954	3106	3264	3429	3599	3777	3962	4155	4357	4569	2
88	4569	4792	5027	5275	5539	5819	6119	6441	6789	7167	7581	1
89	7581	8038	8550	9130	9800	*0591	*1561	*2810	*4571	*7581	—	0
	1,0	,9	,8	,7	,6	,5	,4	,3	,2	,1	,0	Grad
	60'	54'	48'	42'	36'	30'	24'	18'	12'	6'	0'	

Log tg x

Log cotang 0°→45°

Tafel 5   **Log sin 0°→4,99°**, auch für log α brauchbar.   **Log tang α = Log sin α + T**

Grad	,00	,01	,02	,03	,04	,05	,06	,07	,08	,09	T.
0,0	—	6,2419	5429	7190	8439	9408	*0200	*0870	*1450	*1961	0
0,1	7.2419	2833	3211	3558	3880	4180	4460	4723	4971	5206	0
0,2	5429	5641	5843	6036	6221	6398	6568	6732	6890	7043	0
0,3	7190	7332	7470	7604	7734	7859	7982	8101	8217	8329	0
0,4	7.8439	8547	8651	8753	8853	8951	9046	9140	9231	9321	0
0,5	9408	9494	9579	9661	9743	9822	9901	9977	*0053	*0127	0
0,6	8.0200	0272	0343	0412	0480	0548	0614	0679	0744	0807	0
0,7	8.0870	0931	0992	1052	1111	1169	1227	1284	1340	1395	0
0,8	1450	1503	1557	1609	1661	1713	1764	1814	1863	1912	0
0,9	1961	2009	2056	2103	2150	2196	2241	2286	2331	2375	1
1,0	8.2419	2462	2505	2547	2589	2630	2672	2712	2753	2793	1
1,1	8.2832	2872	2911	2949	2988	3025	3063	3100	3137	3174	1
1,2	3210	3246	3282	3317	3353	3388	3422	3456	3491	3524	1
1,3	3558	3591	3624	3657	3689	3722	3754	3786	3817	3848	1
1,4	8.3880	3911	3941	3972	4002	4032	4062	4091	4121	4150	1
1,5	4179	4208	4237	4265	4293	4322	4349	4377	4405	4432	2
1,6	4459	4486	4513	4540	4567	4593	4619	4645	4671	4697	2
1,7	8.4723	4748	4773	4799	4824	4848	4873	4898	4922	4947	2
1,8	4971	4995	5019	5043	5066	5090	5113	5136	5160	5183	2
1,9	5206	5228	5251	5274	5296	5318	5340	5363	5385	5406	2
2,0	8.5428	5450	5471	5493	5514	5535	5557	5578	5598	5619	3
2,1	8.5640	5661	5681	5702	5722	5742	5762	5782	5802	5822	3
2,2	5842	5862	5881	5901	5920	5939	5959	5978	5997	6016	3
2,3	6035	6054	6072	6091	6110	6128	6147	6165	6183	6201	4
2,4	8.6220	6238	6256	6274	6291	6309	6327	6344	6362	6379	4
2,5	6397	6414	6431	6449	6466	6483	6500	6517	6534	6550	4
2,6	6567	6584	6600	6617	6633	6650	6666	6682	6699	6715	4
2,7	8.6731	6747	6763	6779	6795	6810	6826	6842	6858	6873	5
2,8	6889	6904	6920	6935	6950	6965	6981	6996	7011	7026	5
2,9	7041	7056	7071	7086	7100	7115	7130	7144	7159	7174	6
3,0	8.7188	7202	7217	7231	7245	7260	7274	7288	7302	7316	6
3,1	8.7330	7344	7358	7372	7386	7400	7413	7427	7441	7454	7
3,2	7468	7482	7495	7508	7522	7535	7549	7562	7575	7588	7
3,3	7602	7615	7628	7641	7654	7667	7680	7693	7705	7718	7
3,4	8.7731	7744	7756	7769	7782	7794	7807	7819	7832	7844	8
3,5	7857	7869	7881	7894	7906	7918	7930	7943	7955	7967	8
3,6	7979	7991	8003	8015	8027	8039	8051	8062	8074	8086	9
3,7	8.8098	8109	8121	8133	8144	8156	8168	8179	8191	8202	9
3,8	8213	8225	8236	8248	8259	8270	8281	8293	8304	8315	10
3,9	8326	8337	8348	8359	8370	8381	8392	8403	8414	8425	11
4,0	8.8436	8447	8457	8468	8479	8490	8500	8511	8522	8532	11
4,1	8.8543	8553	8564	8575	8585	8595	8606	8616	8627	8637	11
4,2	8647	8658	8668	8678	8688	8699	8709	8719	8729	8739	12
4,3	8749	8759	8769	8780	8790	8799	8809	8819	8829	8839	13
4,4	8.8849	8859	8869	8878	8888	8898	8908	8917	8927	8937	13
4,5	8946	8956	8966	8975	8985	8994	9004	9013	9023	9032	14
4,6	9042	9051	9060	9070	9079	9089	9098	9107	9116	9126	14
4,7	8.9135	9144	9153	9162	9172	9181	9190	9199	9208	9217	15
4,8	9226	9235	9244	9253	9262	9271	9280	9289	9298	9307	15
4,9	9315	9324	9333	9342	9351	9359	9368	9377	9386	9394	16

Nat. Log

Exponentialfunktion und natürlicher Logarithmus. Tafel 6

x	e^x	e^{1+x}	e^{2+x}	e^{3+x}	e^{4+x}	e^{-x}	e^{-1-x}	e^{-2-x}	e^{-3-x}	e^{-4-x}
0,0	1,00	2,72	7,39	20,1	54,6	1,000	0,368	0,135	0,0498	0,0183
0,1	1,11	3,00	8,17	22,2	60,3	0,905	333	122	450	166
0,2	1,22	3,32	9,03	24,5	66,7	819	301	111	408	150
0,3	1,35	3,67	9,97	27,1	73,7	741	273	100	369	136
0,4	1,49	4,06	11,0	30,0	81,5	670	247	0907	334	123
0,5	1,65	4,48	12,2	33,1	90,0	607	223	0821	302	111
0,6	1,82	4,95	13,5	36,6	99,5	549	202	0743	273	101
0,7	2,01	5,47	14,9	40,4	110	497	183	0672	247	0910
0,8	2,23	6,05	16,4	44,7	122	449	165	0608	224	0823
0,9	2,46	6,69	18,2	49,4	134	407	150	0550	202	0745
1,0	2,72	7,39	20,1	54,6	148	368	135	0498	183	0674

Die Tafel enthält $y = e^x$ und $x = \ln y$, z. B. $e^{2,6} = 13,5$, $e^{-4,5} = 0,0111$.
Interpolation: $e^{2,68} = 13,5 + 1,4 \cdot 0,8 = 14,6$. $\quad e^{-4,57} = 0,0111 - 10 \cdot 0,7 = 0,0104$.
$\ln 40,4 = 3,7$, $\ln 41,8 = 3,7 + 1,4 : 43 = 3,73 \quad \ln 0,284 = -1,2 - 1,7 : 28 = -1,26$.

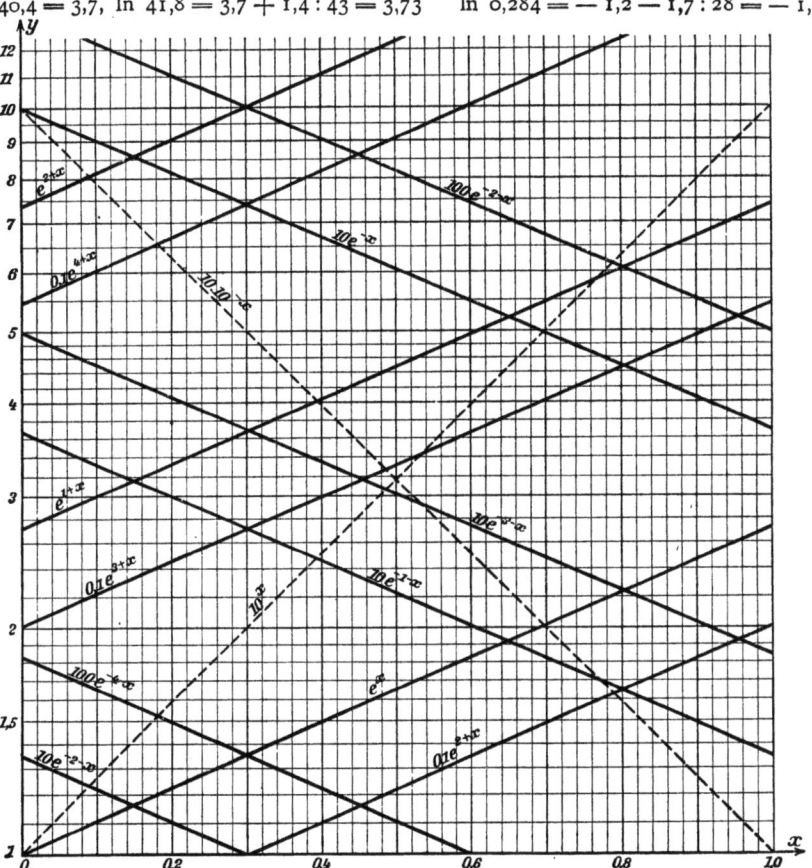

Nat. Log

Nomogramm für Exponentialfunktion und Logarithmus.
Die Figur zeigt einfaches Logarithmenpapier, jeder Punkt hat also die Koordinaten $(x, \log y)$; daher hat eine vom Nullpunkt aufsteigende Gerade, die sonst durch $y = mx$ dargestellt wird, hier die Gleichung $\log y = mx$ oder $y = 10^{mx} = (10^m)^x$.
Wenn für $x = 1$ $y = 10$ wird, ist die Gleichung $y = 10^x$ oder $x = \log y$.
„ „ $x = 1$ $y = e$ „ „ „ $y = e^x$ „ $x = \ln y$.
Will man e^x für $x > 1$ ablesen, so müßte die Teilung nach rechts verlängert werden; man kann aber auch e^{1+x} erhalten, indem man die Gerade $y = e^x$ um e nach oben schiebt.
Um 10^{-x} und e^{-x} zu erhalten, stellt man $y = 10 \cdot 10^{-x}$ dar, ebenso $y = 10 \cdot e^{-x}$.

Tafel 7 Sinus 0°→45°

Grad	0' ,0	6' ,1	12' ,2	18' ,3	24' ,4	30' ,5	36' ,6	42' ,7	48' ,8	54' ,9	60' 1,0	
0	0,00000	00175	00349	00524	00698	00873	0105	0122	0140	0157	0175	89
1	0,0175	0192	0209	0227	0244	0262	0279	0297	0314	0332	0349	88
2	0349	0366	0384	0401	0419	0436	0454	0471	0488	0506	0523	87
3	0523	0541	0558	0576	0593	0610	0628	0645	0663	0680	0698	86
4	0,0698	0715	0732	0750	0767	0785	0802	0819	0837	0854	0872	85
5	0872	0889	0906	0924	0941	0958	0976	0993	1011	1028	1045	84
6	1045	1063	1080	1097	1115	1132	1149	1167	1184	1201	1219	83
7	0,1219	1236	1253	1271	1288	1305	1323	1340	1357	1374	1392	82
8	1392	1409	1426	1444	1461	1478	1495	1513	1530	1547	1564	81
9	1564	1582	1599	1616	1633	1650	1668	1685	1702	1719	1736	80
10	0,1736	1754	1771	1788	1805	1822	1840	1857	1874	1891	1908	79
11	0,1908	1925	1942	1959	1977	1994	2011	2028	2045	2062	2079	78
12	2079	2096	2113	2130	2147	2164	2181	2198	2215	2233	2250	77
13	2250	2267	2284	2300	2317	2334	2351	2368	2385	2402	2419	76
14	0,2419	2436	2453	2470	2487	2504	2521	2538	2554	2571	2588	75
15	2588	2605	2622	2639	2656	2672	2689	2706	2723	2740	2756	74
16	2756	2773	2790	2807	2823	2840	2857	2874	2890	2907	2924	73
17	0,2924	2940	2957	2974	2990	3007	3024	3040	3057	3074	3090	72
18	3090	3107	3123	3140	3156	3173	3190	3206	3223	3239	3256	71
19	3256	3272	3289	3305	3322	3338	3355	3371	3387	3404	3420	70
20	0,3420	3437	3453	3469	3486	3502	3518	3535	3551	3567	3584	69
21	0,3584	3600	3616	3633	3649	3665	3681	3697	3714	3730	3746	68
22	3746	3762	3778	3795	3811	3827	3843	3859	3875	3891	3907	67
23	3907	3923	3939	3955	3971	3987	4003	4019	4035	4051	4067	66
24	0,4067	4083	4099	4115	4131	4147	4163	4179	4195	4210	4226	65
25	4226	4242	4258	4274	4289	4305	4321	4337	4352	4368	4384	64
26	4384	4399	4415	4431	4446	4462	4478	4493	4509	4524	4540	63
27	0,4540	4555	4571	4586	4602	4617	4633	4648	4664	4679	4695	62
28	4695	4710	4726	4741	4756	4772	4787	4802	4818	4833	4848	61
29	4848	4863	4879	4894	4909	4924	4939	4955	4970	4985	5000	60
30	0,5000	5015	5030	5045	5060	5075	5090	5105	5120	5135	5150	59
31	0,5150	5165	5180	5195	5210	5225	5240	5255	5270	5284	5299	58
32	5299	5314	5329	5344	5358	5373	5388	5402	5417	5432	5446	57
33	5446	5461	5476	5490	5505	5519	5534	5548	5563	5577	5592	56
34	0,5592	5606	5621	5635	5650	5664	5678	5693	5707	5721	5736	55
35	5736	5750	5764	5779	5793	5807	5821	5835	5850	5864	5878	54
36	5878	5892	5906	5920	5934	5948	5962	5976	5990	6004	6018	53
37	0,6018	6032	6046	6060	6074	6088	6101	6115	6129	6143	6157	52
38	6157	6170	6184	6198	6211	6225	6239	6252	6266	6280	6293	51
39	6293	6307	6320	6334	6347	6361	6374	6388	6401	6414	6428	50
40	0,6428	6441	6455	6468	6481	6494	6508	6521	6534	6547	6561	49
41	0,6561	6574	6587	6600	6613	6626	6639	6652	6665	6678	6691	48
42	6691	6704	6717	6730	6743	6756	6769	6782	6794	6807	6820	47
43	6820	6833	6845	6858	6871	6884	6896	6909	6921	6934	6947	46
44	0,6947	6959	6972	6984	6997	7009	7022	7034	7046	7059	7071	45
	1,0	,9	,8	,7	,6	,5	,4	,3	,2	,1	,0	Grad
	60'	54'	48'	42'	38'	30'	24'	18'	12'	6'	0'	

Sin Kos

Kosinus 45°→90°

Sinus 45°→90° Tafel 7

Grad	0′	6′	12′	18′	24′	30′	36′	42′	48′	54′	60′	
	,0	,1	,2	,3	,4	,5	,6	,7	,8	,9	1,0	
45	0,7071	7083	7096	7108	7120	7133	7145	7157	7169	7181	7193	44
46	7193	7206	7218	7230	7242	7254	7266	7278	7290	7302	7314	43
47	0,7314	7325	7337	7349	7361	7373	7385	7396	7408	7420	7431	42
48	7431	7443	7455	7466	7478	7490	7501	7513	7524	7536	7547	41
49	7547	7559	7570	7581	7593	7604	7615	7627	7638	7649	7660	40
50	0,7660	7672	7683	7694	7705	7716	7727	7738	7749	7760	7771	39
51	0,7771	7782	7793	7804	7815	7826	7837	7848	7859	7869	7880	38
52	7880	7891	7902	7912	7923	7934	7944	7955	7965	7976	7986	37
53	7986	7997	8007	8018	8028	8039	8049	8059	8070	8080	8090	36
54	0,8090	8100	8111	8121	8131	8141	8151	8161	8171	8181	8192	35
55	8192	8202	8211	8221	8231	8241	8251	8261	8271	8281	8290	34
56	8290	8300	8310	8320	8329	8339	8348	8358	8368	8377	8387	33
57	0,8387	8396	8406	8415	8425	8434	8443	8453	8462	8471	8480	32
58	8480	8490	8499	8508	8517	8526	8536	8545	8554	8563	8572	31
59	8572	8581	8590	8599	8607	8616	8625	8634	8643	8652	8660	30
60	0,8660	8669	8678	8686	8695	8704	8712	8721	8729	8738	8746	29
61	0,8746	8755	8763	8771	8780	8788	8796	8805	8813	8821	8829	28
62	8829	8838	8846	8854	8862	8870	8878	8886	8894	8902	8910	27
63	8910	8918	8926	8934	8942	8949	8957	8965	8973	8980	8988	26
64	0,8988	8996	9003	9011	9018	9026	9033	9041	9048	9056	9063	25
65	9063	9070	9078	9085	9092	9100	9107	9114	9121	9128	9135	24
66	9135	9143	9150	9157	9164	9171	9178	9184	9191	9198	9205	23
67	0,9205	9212	9219	9225	9232	9239	9245	9252	9259	9265	9272	22
68	9272	9278	9285	9291	9298	9304	9311	9317	9323	9330	9336	21
69	9336	9342	9348	9354	9361	9367	9373	9379	9385	9391	9397	20
70	0,9397	9403	9409	9415	9421	9426	9432	9438	9444	9449	9455	19
71	0,9455	9461	9466	9472	9478	9483	9489	9494	9500	9505	9511	18
72	9511	9516	9521	9527	9532	9537	9542	9548	9553	9558	9563	17
73	9563	9568	9573	9578	9583	9588	9593	9598	9603	9608	9613	16
74	0,9613	9617	9622	9627	9632	9636	9641	9646	9650	9655	9659	15
75	9659	9664	9668	9673	9677	9681	9686	9690	9694	9699	9703	14
76	9703	9707	9711	9715	9720	9724	9728	9732	9736	9740	9744	13
77	0,9744	9748	9751	9755	9759	9763	9767	9770	9774	9778	9781	12
78	9781	9785	9789	9792	9796	9799	9803	9806	9810	9813	9816	11
79	9816	9820	9823	9826	9829	9833	9836	9839	9842	9845	9848	10
80	0,9848	9851	9854	9857	9860	9863	9866	9869	9871	9874	9877	9
81	0,9877	9880	9882	9885	9888	9890	9893	9895	9898	9900	9903	8
82	9903	9905	9907	9910	9912	9914	9917	9919	9921	9923	9925	7
83	9925	9928	9930	9932	9934	9936	9938	9940	9942	9943	9945	6
84	0,9945	9947	9949	9951	9952	9954	9956	9957	9959	9960	9962	5
85	9962	9963	9965	9966	9968	9969	9971	9972	9973	9974	9976	4
86	9976	9977	9978	9979	9980	9981	9982	9983	9984	9985	9986	3
87	0,9986	9987	9988	9989	9990	9990	9991	9992	9993	9993	9994	2
88	9994	9995	9995	9996	9996	9997	9997	9997	9998	9998	9998	1
89	9998	9999	9999	9999	9999	1,000	1,000	1,000	1,000	1,000	1,000	0
	1,0	,9	,8	,7	,6	,5	,4	,3	,2	,1	,0	Grad
	60′	54′	48′	42′	36′	30′	24′	18′	12′	6′	0′	

Sin Kos

Kosinus 0°→45°

Tafel 8 — Tangens 0°→45°

Grad	0'	6'	12'	18'	24'	30'	36'	42'	48'	54'	60'	
	,0	,1	,2	,3	,4	,5	,6	,7	,8	,9	1,0	
0	0,00000	00175	00349	00524	00698	00873	0105	0122	0140	0157	0175	89
1	0,0175	0192	0209	0227	0244	0262	0279	0297	0314	0332	0349	88
2	0349	0367	0384	0402	0419	0437	0454	0472	0489	0507	0524	87
3	0524	0542	0559	0577	0594	0612	0629	0647	0664	0682	0699	86
4	0,0699	0717	0734	0752	0769	0787	0805	0822	0840	0857	0875	85
5	0875	0892	0910	0928	0945	0963	0981	0998	1016	1033	1051	84
6	1051	1069	1086	1104	1122	1139	1157	1175	1192	1210	1228	83
7	0,1228	1246	1263	1281	1299	1317	1334	1352	1370	1388	1405	82
8	1405	1423	1441	1459	1477	1495	1512	1530	1548	1566	1584	81
9	1584	1602	1620	1638	1655	1673	1691	1709	1727	1745	1763	**80**
10	0,1763	1781	1799	1817	1835	1853	1871	1890	1908	1926	1944	79
11	0,1944	1962	1980	1998	2016	2035	2053	2071	2089	2107	2126	78
12	2126	2144	2162	2180	2199	2217	2235	2254	2272	2290	2309	77
13	2309	2327	2345	2364	2382	2401	2419	2438	2456	2475	2493	76
14	0,2493	2512	2530	2549	2568	2586	2605	2623	2642	2661	2679	75
15	2679	2698	2717	2736	2754	2773	2792	2811	2830	2849	2867	74
16	2867	2886	2905	2924	2943	2962	2981	3000	3019	3038	3057	73
17	0,3057	3076	3096	3115	3134	3153	3172	3191	3211	3230	3249	72
18	3249	3269	3288	3307	3327	3346	3365	3385	3404	3424	3443	71
19	3443	3463	3482	3502	3522	3541	3561	3581	3600	3620	3640	**70**
20	0,3640	3659	3679	3699	3719	3739	3759	3779	3799	3819	3839	69
21	0,3839	3859	3879	3899	3919	3939	3959	3979	4000	4020	4040	68
22	4040	4061	4081	4101	4122	4142	4163	4183	4204	4224	4245	67
23	4245	4265	4286	4307	4327	4348	4369	4390	4411	4431	4452	66
24	0,4452	4473	4494	4515	4536	4557	4578	4599	4621	4642	4663	65
25	4663	4684	4706	4727	4748	4770	4791	4813	4834	4856	4877	64
26	4877	4899	4921	4942	4964	4986	5008	5029	5051	5073	5095	63
27	0,5095	5117	5139	5161	5184	5206	5228	5250	5272	5295	5317	62
28	5317	5340	5362	5384	5407	5430	5452	5475	5498	5520	5543	61
29	5543	5566	5589	5612	5635	5658	5681	5704	5727	5750	5774	**60**
30	0,5774	5797	5820	5844	5867	5890	5914	5938	5961	5985	6009	59
31	0,6009	6032	6056	6080	6104	6128	6152	6176	6200	6224	6249	58
32	6249	6273	6297	6322	6346	6371	6395	6420	6445	6469	6494	57
33	6494	6519	6544	6569	6594	6619	6644	6669	6694	6720	6745	56
34	0,6745	6771	6796	6822	6847	6873	6899	6924	6950	6976	7002	55
35	7002	7028	7054	7080	7107	7133	7159	7186	7212	7239	7265	54
36	7265	7292	7319	7346	7373	7400	7427	7454	7481	7508	7536	53
37	0,7536	7563	7590	7618	7646	7673	7701	7729	7757	7785	7813	52
38	7813	7841	7869	7898	7926	7954	7983	8012	8040	8069	8098	51
39	8098	8127	8156	8185	8214	8243	8273	8302	8332	8361	8391	**50**
40	0,8391	8421	8451	8481	8511	8541	8571	8601	8632	8662	8693	49
41	0,8693	8724	8754	8785	8816	8847	8878	8910	8941	8972	9004	48
42	9004	9036	9067	9099	9131	9163	9195	9228	9260	9292	9325	47
43	9325	9358	9391	9424	9457	9490	9523	9556	9590	9623	9657	46
44	0,9657	9691	9725	9759	9793	9827	9861	9896	9930	9965	1.0000	45
	1,0	,9	,8	,7	,6	,5	,4	,3	,2	,1	,0	Grad
	60'	54'	48'	42'	36'	30'	24'	18'	12'	6'	0'	

Tang Kotg

Kotangens 45°→90°

Tangens $45°{\rightarrow}90°$ Tafel 8

	0′	6′	12′	18′	24′	30′	36′	42′	48′	54′	60′	
Grad	,0	,1	,2	,3	,4	,5	,6	,7	,8	,9	1,0	
45	1,000	1,003	1,007	1,011	1,014	1,018	1,021	1,025	1,028	1,032	1,036	44
46	1,036	1,039	1,043	1,046	1,050	1,054	1,057	1,061	1,065	1,069	1,072	43
47	1,072	1,076	1,080	1,084	1,087	1,091	1,095	1,099	1,103	1,107	1,111	42
48	1,111	1,115	1,118	1,122	1,126	1,130	1,134	1,138	1,142	1,146	1,150	41
49	1,150	1,154	1,159	1,163	1,167	1,171	1,175	1,179	1,183	1,188	1,192	40
50	1,192	1,196	1,200	1,205	1,209	1,213	1,217	1,222	1,226	1,230	1,235	39
51	1,235	1,239	1,244	1,248	1,253	1,257	1,262	1,266	1,271	1,275	1,280	38
52	1,280	1,285	1,289	1,294	1,299	1,303	1,308	1,313	1,317	1,322	1,327	37
53	1,327	1,332	1,337	1,342	1,347	1,351	1,356	1,361	1,366	1,371	1,376	36
54	1,376	1,381	1,387	1,392	1,397	1,402	1,407	1,412	1,418	1,423	1,428	35
55	1,428	1,433	1,439	1,444	1,450	1,455	1,460	1,466	1,471	1,477	1,483	34
56	1,483	1,488	1,494	1,499	1,505	1,511	1,517	1,522	1,528	1,534	1,540	33
57	1,540	1,546	1,552	1,558	1,564	1,570	1,576	1,582	1,588	1,594	1,600	32
58	1,600	1,607	1,613	1,619	1,625	1,632	1,638	1,645	1,651	1,654	1,664	31
59	1,664	1,671	1,678	1,684	1,691	1,698	1,704	1,711	1,718	1,725	1,732	30
60	1,732	1,739	1,746	1,753	1,760	1,767	1,775	1,782	1,789	1,797	1,804	29
61	1,804	1,811	1,819	1,827	1,834	1,842	1,849	1,857	1,865	1,873	1,881	28
62	1,881	1,889	1,897	1,905	1,913	1,921	1,929	1,937	1,946	1,954	1,963	27
63	1,963	1,971	1,980	1,988	1,997	2,006	2,014	2,023	2,032	2,041	2,050	26
64	2,050	2,059	2,069	2,078	2,087	2,097	2,106	2,116	2,125	2,135	2,145	25
65	2,145	2,154	2,164	2,174	2,184	2,194	2,204	2,215	2,225	2,236	2,246	24
66	2,246	2,257	2,267	2,278	2,289	2,300	2,311	2,322	2,333	2,344	2,356	23
67	2,356	2,367	2,379	2,391	2,402	2,414	2,426	2,438	2,450	2,463	2,475	22
68	2,475	2,488	2,500	2,513	2,526	2,539	2,552	2,565	2,578	2,592	2,605	21
69	2,605	2,619	2,633	2,646	2,660	2,675	2,689	2,703	2,718	2,733	2,747	20
70	2,747	2,762	2,778	2,793	2,808	2,824	2,840	2,856	2,872	2,888	2,904	19
71	2,904	2,921	2,937	2,954	2,971	2,989	3,006	3,024	3,042	3,060	3,078	18
72	3,078	3,096	3,115	3,133	3,152	3,172	3,191	3,211	3,230	3,251	3,271	17
73	3,271	3,291	3,312	3,333	3,354	3,376	3,398	3,420	3,442	3,465	3,487	16
74	3,487	3,511	3,534	3,558	3,582	3,606	3,630	3,655	3,681	3,706	3,732	15
75	3,732	3,758	3,785	3,812	3,839	3,867	3,895	3,923	3,952	3,981	4,011	14
76	4,011	4,041	4,071	4,102	4,134	4,165	4,198	4,230	4,264	4,297	4,331	13
77	4,331	4,366	4,402	4,437	4,474	4,511	4,548	4,586	4,625	4,665	4,705	12
78	4,705	4,745	4,787	4,829	4,872	4,915	4,959	5,005	5,050	5,097	5,145	11
79	5,145	5,193	5,242	5,292	5,343	5,396	5,449	5,503	5,558	5,614	5,671	10
80	5,671	5,730	5,789	5,850	5,912	5,976	6,041	6,107	6,174	6,243	6,314	9
81	6,314	6,386	6,460	6,535	6,612	6,691	6,772	6,855	6,940	7,026	7,115	8
82	7,115	7,207	7,300	7,396	7,495	7,596	7,700	7,806	7,916	8,028	8,144	7
83	8,144	8,264	8,386	8,513	8,643	8,777	8,915	9,058	9,205	9,357	9,514	6
84	9,514	9,677	9,845	10,02	10,20	10,39	10,58	10,78	10,99	11,20	11,43	5
85	11,43	11,66	11,91	12,16	12,43	12,71	13,00	13,30	13,62	13,95	14,30	4
86	14,30	14,67	15,06	15,46	15,89	16,35	16,83	17,34	17,89	18,46	19,08	3
87	19,08	19,74	20,45	21,20	22,02	22,90	23,86	24,90	26,03	27,27	28,64	2
88	28,64	30,14	31,82	33,69	35,80	38,19	40,92	44,07	47,74	52,08	57,29	1
89	57,29	63,66	71,62	81,85	95,49	114,6	143,2	191,0	286,5	573,0	—	0
	1,0	,9	,8	,7	,6	,5	,4	,3	,2	,1	,0	Grad
	60′	54′	48′	42′	36′	30′	24′	18′	12′	6′	0′	

Tang
Kotg

Kotangens $0°{\rightarrow}45°$

Tafel 9

Quadrate von 1,00→5,49 und Quadratwurzeln.

Quadrate

Zahl	.0	.1	.2	.3	.4	.5	.6	.7	.8	.9	D.
1.0	1,000	1,020	1,040	1,061	1,082	1,103	1,124	1,145	1,166	1,188	2,2
1,1	1,210	1,232	1,254	1,277	1,300	1,323	1,346	1,369	1,392	1,416	2,4
1,2	1,440	1,464	1,488	1,513	1,538	1,563	1,588	1,613	1,638	1,664	2,6
1,3	1,690	1,716	1,742	1,769	1,796	1,823	1,850	1,877	1,904	1,932	2,8
1,4	1,960	1,988	2,016	2,045	2,074	2,103	2,132	2,161	2,190	2,220	3,0
1,5	2,250	2,280	2,310	2,341	2,372	2,403	2,434	2,465	2,496	2,528	3,2
1,6	2,560	2,592	2,624	2,657	2,690	2,723	2,756	2,789	2,822	2,856	3,4
1,7	2,890	2,924	2,958	2,993	3,028	3,063	3,098	3,133	3,168	3,204	3,6
1,8	3,240	3,276	3,312	3,349	3,386	3,423	3,460	3,497	3,534	3,572	3,8
1,9	3,610	3,648	3,686	3,725	3,764	3,803	3,842	3,881	3,920	3,960	4,0
2,0	4,000	4,040	4,080	4,121	4,162	4,203	4,244	4,285	4,326	4,368	4,2
2,1	4,410	4,452	4,494	4,537	4,580	4,623	4,666	4,709	4,752	4,796	4,4
2,2	4,840	4,884	4,928	4,973	5,018	5,063	5,108	5,153	5,198	5,244	4,6
2,3	5,290	5,336	5,382	5 429	5,476	5,523	5,570	5,617	5,664	5,712	4,8
2,4	5,760	5,808	5,856	5,905	5,954	6,003	6,052	6,101	6,150	6,200	5,0
2,5	6,250	6,300	6,350	6,401	6,452	6,503	6,554	6,605	6,656	6,708	5,2
2,6	6,760	6,812	6,864	6,917	6,970	7,023	7,076	7,129	7,182	7,236	5,4
2,7	7,290	7,344	7,398	7,453	7,508	7,563	7,618	7,673	7,728	7,784	5,6
2,8	7,840	7,896	7,952	8,009	8,066	8,123	8,180	8,237	8,294	8,352	5,8
2,9	8,410	8,468	8,526	8,585	8,644	8,703	8,762	8,821	8,880	8,940	6,0
3,0	9,000	9,060	9,120	9,181	9,242	9,303	9,364	9,425	9,486	9,548	6,2
3,1	9,610	9,672	9,734	9,797	9,860	9,923	9,986	10,05	10,11	10,18	6
3,2	10,24	10,30	10,37	10,43	10,50	10,56	10,63	10,69	10,76	10,82	7
3,3	10,89	10,96	11,02	11,09	11,16	11,22	11,29	11,36	11,42	11,49	7
3,4	11,56	11,63	11,70	11,76	11,83	11,90	11,97	12,04	12,11	12,18	7
3,5	12,25	12,32	12,39	12,46	12,53	12,60	12,67	12,74	12,82	12,89	7
3,6	12,96	13,03	13,10	13,18	13,25	13,32	13,40	13,47	13,54	13,62	7
3,7	13,69	13,76	13,84	13,91	13,99	14,06	14,14	14,21	14,29	14,36	8
3,8	14,44	14,52	14,59	14,67	14,75	14,82	14,90	14,98	15,05	15,13	8
3,9	15,21	15,29	15,37	15,44	15,52	15,60	15,68	15,76	15,84	15,92	8
4,0	16,00	16,08	16,16	16,24	16,32	16,40	16,48	16,56	16,65	16,73	8
4,1	16,81	16,89	16,97	17,06	17,14	17,22	17,31	17,39	17,47	17,56	8
4,2	17,64	17,72	17,81	17,89	17,98	18,06	18,15	18,23	18,32	18,40	9
4,3	18,49	18,58	18,66	18,75	18,84	18,92	19,01	19,10	19,18	19,27	9
4,4	19,36	19,45	19,54	19,62	19,71	19,80	19,89	19,98	20,07	20,16	9
4,5	20,25	20,34	20,43	20,52	20,61	20,70	20,79	20,88	20,98	21,07	9
4,6	21,16	21,25	21,34	21,44	21,53	21,62	21,72	21,81	21,90	22,00	9
4,7	22,09	22,18	22,28	22,37	22,47	22,56	22,66	22,75	22,85	22,94	10
4,8	23,04	23,14	23,23	23,33	23 43	23,52	23,62	23,72	23,81	23,91	10
4,9	24,01	24,11	24,21	24,30	24,40	24,50	24,60	24,70	24,80	24,90	10
5.0	25,00	25,10	25,20	25,30	25,40	25,50	25,60	25,70	25,81	25,91	10
5,1	26,01	26,11	26,21	26,32	26,42	26,52	26,63	26,73	26,83	26,94	10
5,2	27,04	27,14	27,25	27,35	27,46	27,56	27,67	27,77	27,88	27,98	11
5,3	28,09	28,20	28,30	28,41	28,52	28,62	28,73	28,84	28,94	29,05	11
5,4	29,16	29,27	29,38	29,48	29,59	29,70	29,81	29,92	30,03	30,14	11

Beispiele:

$4{,}63^2 = 21{,}44$
$46{,}3^2 = 2144$
$46\,300^2 = 21{,}44 \cdot 10^8$

$5{,}416^2 = 29{,}27$
$+ 66$
$= 29{,}34$

$\sqrt{29{,}56} = 5{,}437$
48
$8 : 11$

Tafel 9

Quadrate von 5,50→9,99 und Quadratwurzeln.

Zahl	.0	.1	.2	.3	.4	.5	.6	.7	.8	.9	D.
5,5	30,25	30,36	30,47	30,58	30,69	30,80	30,91	31,02	31,14	31,25	11
5,6	31,36	31,47	31,58	31,70	31,81	31,92	32,04	32,15	32,26	32,38	11
5,7	32,49	32,60	32,72	32,83	32,95	33,06	33,18	33,29	33,41	33,52	12
5,8	33,64	33,76	33,87	33,99	34,11	34,22	34,34	34,46	34,57	34,69	12
5,9	34,81	34,93	35,05	35,16	35,28	35,40	35,52	35,64	35,76	35,88	12
6,0	36,00	36,12	36,24	36,36	36,48	36,60	36,72	36,84	36,97	37,09	12
6,1	37,21	37,33	37,45	37,58	37,70	37,82	37,95	38,07	38,19	38,32	12
6,2	38,44	38,56	38,69	38,81	38,94	39,06	39,19	39,31	39,44	39,56	13
6,3	39,69	39,82	39,94	40,07	40,20	40,32	40,45	40,58	40,70	40,83	13
6,4	40,96	41,09	41,22	41,34	41,47	41,60	41,73	41,86	41,99	42,12	13
6,5	42,25	42,38	42,51	42,64	42,77	42,90	43,03	43,16	43,30	43,43	13
6,6	43,56	43,69	43,82	43,96	44,09	44,22	44,36	44,49	44,62	44,76	13
6,7	44,89	45,02	45,16	45,29	45,43	45,56	45,70	45,83	45,97	46,10	14
6,8	46,24	46,38	46,51	46,65	46,79	46,92	47,06	47,20	47,33	47,47	14
6,9	47,61	47,75	47,89	48,02	48,16	48,30	48,44	48,58	48,72	48,86	14
7,0	49,00	49,14	49,28	49,42	49,56	49,70	49,84	49,98	50,13	50,27	14
7,1	50,41	50,55	50,69	50,84	50,98	51,12	51,27	51,41	51,55	51,70	14
7,2	51,84	51,98	52,13	52,27	52,42	52,56	52,71	52,85	53,00	53,14	15
7,3	53,29	53,44	53,58	53,73	53,88	54,02	54,17	54,32	54,46	54,61	15
7,4	54,76	54,91	55,06	55,20	55,35	55,50	55,65	55,80	55,95	56,10	15
7,5	56,25	56,40	56,55	56,70	56,85	57,00	57,15	57,30	57,46	57,61	15
7,6	57,76	57,91	58,06	58,22	58,37	58,52	58,68	58,83	58,98	59,14	15
7,7	59,29	59,44	59,60	59,75	59,91	60,06	60,22	60,37	60,53	60,68	16
7,8	60,84	61,00	61,15	61,31	61,47	61,62	61,78	61,94	62,09	62,25	16
7,9	62,41	62,57	62,73	62,88	63,04	63,20	63,36	63,52	63,68	63,84	16
8,0	64,00	64,16	64,32	64,48	64,64	64,80	64,96	65,12	65,29	65,45	16
8,1	65,61	65,77	65,93	66,10	66,26	66,42	66,59	66,75	66,91	67,08	16
8,2	67,24	67,40	67,57	67,73	67,90	68,06	68,23	68,39	68,56	68,72	17
8,3	68,89	69,06	69,22	69,39	69,56	69,72	69,89	70,06	70,22	70,39	17
8,4	70,56	70,73	70,90	71,06	71,23	71,40	71,57	71,74	71,91	72,08	17
8,5	72,25	72,42	72,59	72,76	72,93	73,10	73,27	73,44	73,62	73,79	17
8,6	73,96	74,13	74,30	74,48	74,65	74,82	75,00	75,17	75,34	75,52	17
8,7	75,69	75,86	76,04	76,21	76,39	76,56	76,74	76,91	77,09	77,26	18
8,8	77,44	77,62	77,79	77,97	78,15	78,32	78,50	78,68	78,85	79,03	18
8,9	79,21	79,39	79,57	79,74	79,92	80,10	80,28	80,46	80,64	80,82	18
9,0	81,00	81,18	81,36	81,54	81,72	81,90	82,08	82,26	82,45	82,63	18
9,1	82,81	82,99	83,17	83,36	83,54	83,72	83,91	84,09	84,27	84,46	18
9,2	84,64	84,82	85,01	85,19	85,38	85,56	85,75	85,93	86,12	86,30	19
9,3	86,49	86,68	86,86	87,05	87,24	87,42	87,61	87,80	87,98	88,17	19
9,4	88,36	88,55	88,74	88,92	89,11	89,30	89,49	89,68	89,87	90,06	19
9,5	90,25	90,44	90,63	90,82	91,01	91,20	91,39	91,58	91,78	91,97	19
9,6	92,16	92,35	92,54	92,74	92,93	93,12	93,32	93,51	93,70	93,90	20
9,7	94,09	94,28	94,48	94,67	94,87	95,06	95,26	95,45	95,65	95,84	20
9,8	96,04	96,24	96,43	96,63	96,83	97,02	97,22	97,42	97,61	97,81	20
9,9	98,01	98,21	98,41	98,60	98,80	99,00	99,20	99,40	99,60	99,80	20

Quadrate

Beispiele: $0{,}261^2 = 0{,}068\,12$
$0{,}861^2 = 0{,}741\,3$
$0{,}0194^2 = 0{,}000\,3764$

$\sqrt{81{,}63} = 9{,}035$
$9 : 18$

$\sqrt{8{,}163} = 2{,}857$
$40 : 57$

Tafel 10

Kuben von 1,00→5,49 und dritte Wurzeln.

Kuben

Zahl	.0	.1	.2	.3	.4	.5	.6	.7	.8	.9	D.
1,0	1,000	1,030	1,061	1,093	1,125	1,158	1,191	1,225	1,260	1,295	36
1,1	1,331	1,368	1,405	1,443	1,482	1,521	1,561	1,602	1,643	1,685	43
1,2	1,728	1,772	1,816	1,861	1,907	1,953	2,000	2,048	2,097	2,147	50
1,3	2,197	2,248	2,300	2,353	2,406	2,460	2,515	2,571	2,628	2,686	58
1,4	2,744	2,803	2,863	2,924	2,986	3,049	3,112	3,177	3,242	3,308	67
1,5	3,375	3,443	3,512	3,582	3,652	3,724	3,796	3,870	3,944	4,020	76
1,6	4,096	4,173	4,252	4,331	4,411	4,492	4,574	4,657	4,742	4,827	86
1,7	4,913	5,000	5,088	5,178	5,268	5,359	5,452	5,545	5,640	5,735	97
1,8	5,832	5,930	6,029	6,128	6,230	6,332	6,435	6,539	6,645	6,751	108
1,9	6,859	6,968	7,078	7,189	7,301	7,415	7,530	7,645	7,762	7,881	119
2,0	8,000	8,121	8,242	8,365	8,490	8,615	8,742	8,870	8,999	9,129	132
2,1	9,261	9,394	9,528	9,664	9,800	9,938	10,08	10,22	10,36	10,50	15
2,2	10,65	10,79	10,94	11,09	11,24	11,39	11,54	11,70	11,85	12,01	16
2,3	12,17	12,33	12,49	12,65	12,81	12,98	13,14	13,31	13,48	13,65	17
2,4	13,82	14,00	14,17	14,35	14,53	14,71	14,89	15,07	15,25	15,44	19
2,5	15,63	15,81	16,00	16,19	16,39	16,58	16,78	16,97	17,17	17,37	21
2,6	17,58	17,78	17,98	18,19	18,40	18,61	18,82	19,03	19,25	19,47	21
2,7	19,68	19,90	20,12	20,35	20,57	20,80	21,02	21,25	21,48	21,72	23
2,8	21,95	22,19	22,43	22,67	22,91	23,15	23,39	23,64	23,89	24,14	25
2,9	24,39	24,64	24,90	25,15	25,41	25,67	25,93	26,20	26,46	26,73	27
3,0	27,00	27,27	27,54	27,82	28,09	28,37	28,65	28,93	29,22	29,50	29
3,1	29,79	30,08	30,37	30,66	30,96	31,26	31,55	31,86	32,16	32,46	31
3,2	32,77	33,08	33,39	33,70	34,01	34,33	34,65	34,97	35,29	35,61	33
3,3	35,94	36,26	36,59	36,93	37,26	37,60	37,93	38,27	38,61	38,96	34
3,4	39,30	39,65	40,00	40,35	40,71	41,06	41,42	41,78	42,14	42,51	37
3,5	42,88	43,24	43,61	43,99	44,36	44,74	45,12	45,50	45,88	46,27	39
3,6	46,66	47,05	47,44	47,83	48,23	48,63	49,03	49,43	49,84	50,24	41
3,7	50,65	51,06	51,48	51,90	52,31	52,73	53,16	53,58	54,01	54,44	43
3,8	54,87	55,31	55,74	56,18	56,62	57,07	57,51	57,96	58,41	58,86	46
3,9	59,32	59,78	60,24	60,70	61,16	61,63	62,10	62,57	63,04	63,52	48
4,0	64,00	64,48	64,96	65,45	65,94	66,43	66,92	67,42	67,92	68,42	50
4,1	68,92	69,43	69,93	70,44	70,96	71,47	71,99	72,51	73,03	73,56	53
4,2	74,09	74,62	75,15	75,69	76,23	76,77	77,31	77,85	78,40	78,95	56
4,3	79,51	80,06	80,62	81,18	81,75	82,31	82,88	83,45	84,03	84,60	58
4,4	85,18	85,77	86,35	86,94	87,53	88,12	88,72	89,31	89,92	90,52	61
4,5	91,13	91,73	92,35	92,96	93,58	94,20	94,82	95,44	96,07	96,70	64
4,6	97,34	97,97	98,61	99,25	99,90	100,5	101,2	101,8	102,5	103,2	6
4,7	103,8	104,5	105,2	105,8	106,5	107,2	107,9	108,5	109,2	109,9	7
4,8	110,6	111,3	112,0	112,7	113,4	114,1	114,8	115,5	116,2	116,9	7
4,9	117,6	118,4	119,1	119,8	120,6	121,3	122,0	122,8	123,5	124,3	7
5,0	125,0	125,8	126,5	127,3	128,0	128,8	129,6	130,3	131,1	131,9	8
5,1	132,7	133,4	134,2	135,0	135,8	136,6	137,4	138,2	139,0	139,8	8
5,2	140,6	141,4	142,2	143,1	143,9	144,7	145,5	146,4	147,2	148,0	9
5,3	148,9	149,7	150,6	151,4	152,3	153,1	154,0	154,9	155,7	156,6	9
5,4	157,5	158,3	159,2	160,1	161,0	161,9	162,8	163,7	164,6	165,5	9

Beispiele:

$4{,}98^3 = 123{,}5$
$49{,}8^3 = 123\,500$
$498^3 = 123{,}5 \cdot 10^6$

$5{,}427^3 = 159{,}2$
$+ 63$
$= 159{,}8$

$\sqrt[3]{2{,}384} = 1{,}336$
53
$31 : 53$

Kuben von 5,50→9,99 und dritte Wurzeln. Tafel 10

Zahl	.0	.1	.2	.3	.4	.5	.6	.7	.8	.9	D.
5,5	166,4	167,3	168,2	169,1	170,0	171,0	171,9	172,8	173,7	174,7	9
5,6	175,6	176,6	177,5	178,5	179,4	180,4	181,3	182,3	183,3	184,2	10
5,7	185,2	186,2	187,1	188,1	189,1	190,1	191,1	192,1	193,1	194,1	10
5,8	195,1	196,1	197,1	198,2	199,2	200,2	201,2	202,3	203,3	204,3	11
5,9	205,4	206,4	207,5	208,5	209,6	210,6	211,7	212,8	213,8	214,9	11
6,0	216,0	217,1	218,2	219,3	220,3	221,4	222,5	223,6	224,8	225,9	11
6,1	227,0	228,1	229,2	230,3	231,5	232,6	233,7	234,9	236,0	237,2	11
6,2	238,3	239,5	240,6	241,8	243,0	244,1	245,3	246,5	247,7	248,9	11
6,3	250,0	251,2	252,4	253,6	254,8	256,0	257,3	258,5	259,7	260,9	12
6,4	262,1	263,4	264,6	265,8	267,1	268,3	269,6	270,8	272,1	273,4	12
6,5	274,6	275,9	277,2	278,4	279,7	281,0	282,3	283,6	284,9	286,2	13
6,6	287,5	288,8	290,1	291,4	292,8	294,1	295,4	296,7	298,1	299,4	14
6,7	300,8	302,1	303,5	304,8	306,2	307,5	308,9	310,3	311,7	313,0	14
6,8	314,4	315,8	317,2	318,6	320,0	321,4	322,8	324,2	325,7	327,1	14
6,9	328,5	329,9	331,4	332,8	334,3	335,7	337,2	338,6	340,1	341,5	15
7,0	343,0	344,5	345,9	347,4	348,9	350,4	351,9	353,4	354,9	356,4	15
7,1	357,9	359,4	360,9	362,5	364,0	365,5	367,1	368,6	370,1	371,7	15
7,2	373,2	374,8	376,4	377,9	379,5	381,1	382,7	384,2	385,8	387,4	16
7,3	389,0	390,6	392,2	393,8	395,4	397,1	398,7	400,3	401,9	403,6	16
7,4	405,2	406,9	408,5	410,2	411,8	413,5	415,2	416,8	418,5	420,2	17
7,5	421,9	423,6	425,3	427,0	428,7	430,4	432,1	433,8	435,5	437,2	18
7,6	439,0	440,7	442,5	444,2	445,9	447,7	449,5	451,2	453,0	454,8	17
7,7	456,5	458,3	460,1	461,9	463,7	465,5	467,3	469,1	470,9	472,7	19
7,8	474,6	476,4	478,2	480,0	481,9	483,7	485,6	487,4	489,3	491,2	18
7,9	493,0	494,9	496,8	498,7	500,6	502,5	504,4	506,3	508,2	510,1	19
8,0	512,0	513,9	515,8	517,8	519,7	521,7	523,6	525,6	527,5	529,5	19
8,1	531,4	533,4	535,4	537,4	539,4	541,3	543,3	545,3	547,3	549,4	20
8,2	551,4	553,4	555,4	557,4	559,5	561,5	563,6	565,6	567,7	569,7	21
8,3	571,8	573,9	575,9	578,0	580,1	582,2	584,3	586,4	588,5	590,6	21
8,4	592,7	594,8	596,9	599,1	601,2	603,4	605,5	607,6	609,8	612,0	21
8,5	614,1	616,3	618,5	620,7	622,8	625,0	627,2	629,4	631,6	633,8	23
8,6	636,1	638,3	640,5	642,7	645,0	647,2	649,5	651,7	654,0	656,2	23
8,7	658,5	660,8	663,1	665,3	667,6	669,9	672,2	674,5	676,8	679,2	23
8,8	681,5	683,8	686,1	688,5	690,8	693,2	695,5	697,9	700,2	702,6	24
8,9	705,0	707,3	709,7	712,1	714,5	716,9	719,3	721,7	724,2	726,6	24
9,0	729,0	731,4	733,9	736,3	738,8	741,2	743,7	746,1	748,6	751,1	25
9,1	753,6	756,1	758,6	761,0	763,6	766,1	768,6	771,1	773,6	776,2	25
9,2	778,7	781,2	783,8	786,3	788,9	791,5	794,0	796,6	799,2	801,8	26
9,3	804,4	807,0	809,6	812,2	814,8	817,4	820,0	822,7	825,3	827,9	27
9,4	830,6	833,2	835,9	838,6	841,2	843,9	846,6	849,3	852,0	854,7	27
9,5	857,4	860,1	862,8	865,5	868,3	871,0	873,7	876,5	879,2	882,0	27
9,6	884,7	887,5	890,3	893,1	895,8	898,6	901,4	904,2	907,0	909,9	28
9,7	912,7	915,5	918,3	921,2	924,0	926,9	929,7	932,6	935,4	938,3	29
9,8	941,2	944,1	947,0	949,9	952,8	955,7	958,6	961,5	964,4	967,4	29
9,9	970,3	973,2	976,2	979,1	982,1	985,1	988,0	991,0	994,0	997,0	30

Kuben

Beispiele:
$0{,}169^3 = 0{,}004827$
$0{,}369^3 = 0{,}05024$
$0{,}969^3 = 0{,}9099$

$\sqrt[3]{23\,840} = 28{,}78$
$\dfrac{64}{20:25}$

$\sqrt[3]{0{,}2384} = 0{,}6201$
$\dfrac{3}{1:12}$

Tafel 11   **Nomogramme.**

Nomogramme werden gebraucht, wenn dieselbe Aufgabe häufig mit verschiedenen Zahlenwerten zu lösen ist, z. B. die **kubische Gleichung**

$$x^3 + px + q = 0.$$

Man trägt p und q auf parallelen Geraden bis A und B ab und zeichnet eine von x abhängige Kurve $f(\xi, \eta) = 0$, worin

$$\xi = \frac{ex}{1+x}, \quad \eta = -\frac{x^3}{1+x} \text{ ist.}$$

Für $e = 5$ cm wird

$x =$	1	2	3	...
$\xi =$	2,5	3,33	3,75	cm
$\eta =$	— 0,5	— 2,67	— 6,75	cm

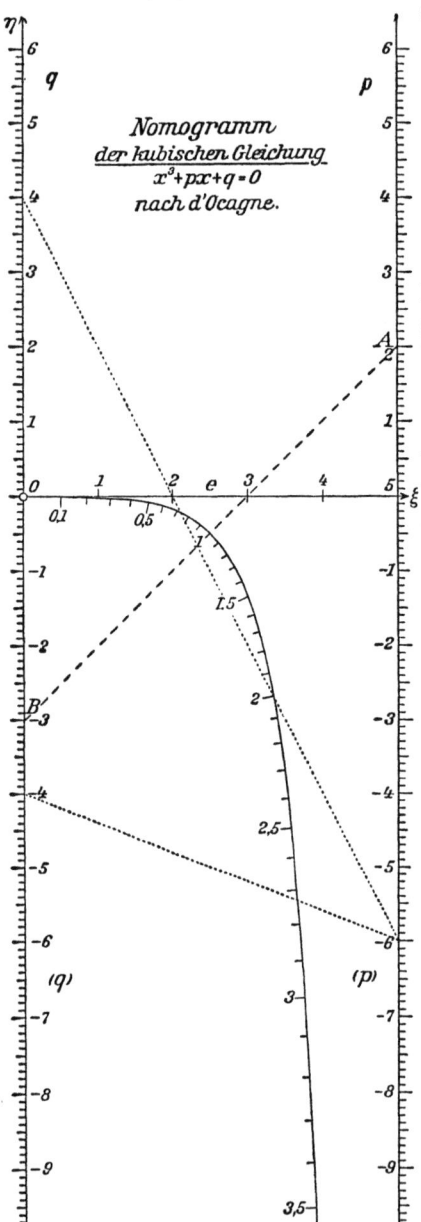

Kreis $\sqrt{n}, \ln n$

Legt man ein Lineal durch A und B, dann gibt der Schnitt mit der Kurve das gesuchte x. Denn die Gleichung der Geraden AB ist

$$\eta = \frac{p-q}{e} \cdot \xi + q,$$

und dies wird identisch mit $-x^3 = px + q$, wenn man für ξ und η die obigen Werte setzt.

Es genügt der Zweig $0 < x < e$.

Die negativen Wurzeln findet man durch $x = -x'$ aus

$$x'^3 + px' - q = 0. \quad \text{Z. B.}$$

1. $x^3 + 2x - 3 = 0$

   Gerade $(2; -3)$ gibt $x_1 = 1$.

2. $x^3 - 6x + 4 = 0$

   Gerade $(-6; 4)$ gibt $\begin{matrix}x_1 = 2\\ x_2 = 0{,}73\end{matrix}$

   „ $(-6; -4)$ „ $x_3 = -2{,}73$.

Bei großen Werten von p und q setzt man $x = ny$. Z. B.

3. $x^3 + 96x - 448 = 0 \quad x = 5y$

   $125y^3 + 480y - 448 = 0$

   $y^3 + 3{,}84y - 3{,}584 = 0.$

   $y = 0{,}8 \quad x = 4.$

Für die **quadratische Gleichung** $x^2 + px + q = 0$ wird entsprechend

$$\xi = \frac{ex}{1+x}, \quad \eta = -\frac{x^2}{1+x}.$$ (Dies kann in die selbe Figur gezeichnet werden.)

Es gibt noch sehr zahlreiche Möglichkeiten für andere Darstellungen. Z. B. $xy = c$ ist eine Hyperbelschar. Die Kurvenschar $y^m = ax^n$ kann durch logarithmische Teilung der Achsen zu parallelen Geraden $m \log y = n \log x + \log a$ gestreckt werden. Bei $y = a \cdot b^x$ wählt man für x gleichmäßige, für y logarithmische Teilung. (Logarithmenpapiere von Schleicher u. Schüll, Düren.)

Bogenlängen, Kreisumfang u. -inhalt, $\sqrt{n}$, natürl. Log.   Tafel 12

n	$n\frac{\pi}{180}$	$2\pi n$	πn^2	$\sqrt{n}$	$\ln n$	n	$n\frac{\pi}{180}$	$2\pi n$	πn^2	$\sqrt{n}$	$\ln n$
1	0,01745	6,283	3,142	1,000	0.000	51	0,890	320,4	8171	7,141	3.932
2	0,03491	12,57	12,57	414	0.693	52	908	326,7	8495	211	951
3	0,05236	18,85	28,27	732	1.099	53	925	333,0	8825	280	970
4	0,0698	25,13	50,27	2,000	1.386	54	0,942	339,3	9161	7,348	3.989
5	0873	31,42	78,54	236	609	55	960	345,6	9503	416	4.007
6	1047	37,70	113,1	449	792	56	977	351,9	9852	483	4.025
7	0,1222	43,98	153,9	2,646	1.946	57	0,995	358,1	10210	7,550	4.043
8	1396	50,27	201,1	2,828	2.079	58	1,012	364,4	10570	616	060
9	1571	56,55	254,5	3,000	2.197	59	1,030	370,7	10940	681	078
10	0,1745	62,83	314,2	3,162	2.303	60	1,047	377,0	11310	7,746	4.094
11	0,1920	69,12	380,1	3,317	2.398	61	1,065	383,3	11690	7,810	4.111
12	2094	75,40	452,4	464	485	62	082	389,6	12080	874	127
13	2269	81,68	530,9	606	565	63	100	395,8	12470	937	143
14	0,2443	87,97	615,8	3,742	2.639	64	1,117	402,1	12870	8,000	4.159
15	2618	94,25	706,9	3,873	708	65	134	408,4	13270	062	174
16	2793	100,5	804,2	4,000	773	66	152	414,7	13680	124	190
17	0,2967	106,8	907,9	4,123	2.833	67	1,169	421,0	14100	8,185	4.205
18	3142	113,1	1018	243	890	68	187	427,3	14530	246	220
19	3316	119,4	1134	359	944	69	204	433,5	14960	307	234
20	0,3491	125,7	1257	4,472	2.996	70	1,222	439,8	15390	8,367	4.248
21	0,367	131,9	1385	4,583	3.045	71	1,239	446,1	15840	8,426	4.263
22	384	138,2	1521	690	091	72	257	452,4	16290	485	277
23	401	144,5	1662	796	135	73	274	458,7	16740	544	290
24	0,419	150,8	1810	4,899	3.178	74	1,292	465,0	17200	8,602	4.304
25	436	157,1	1963	5,000	219	75	309	471,2	17670	660	317
26	454	163,4	2124	5,099	258	76	326	477,5	18150	718	331
27	0,471	169,6	2290	5,196	3.296	77	1,344	483,8	18630	8,775	4.344
28	489	175,9	2463	292	332	78	361	490,1	19110	832	357
29	506	182,2	2642	385	367	79	379	496,4	19610	888	369
30	0,524	188,5	2827	5,477	3.401	80	1,396	502,7	20110	8,944	4.382
31	0,541	194,8	3019	5,568	3.434	81	1,414	508,9	20610	9,000	4.394
32	559	201,1	3217	657	466	82	431	515,2	21120	055	407
33	576	207,3	3421	745	497	83	449	521,5	21640	110	419
34	0,593	213,6	3632	5,831	3.526	84	1,466	527,8	22170	9,165	4.431
35	611	219,9	3848	5,916	555	85	484	534,1	22700	220	443
36	628	226,2	4072	6,000	584	86	501	540,4	23240	274	454
37	0,646	232,5	4301	6,083	3.611	87	1,518	546,6	23780	9,327	4.466
38	663	238,8	4536	164	638	88	536	552,9	24330	381	477
39	681	245,0	4778	245	664	89	553	559,2	24880	434	489
40	0,698	251,3	5027	6,325	3.689	90	1,571	565,5	25450	9,487	4.500
41	0,716	257,6	5281	6,403	3.714	91	1,588	571,8	26020	9,539	4.511
42	733	263,9	5542	481	738	92	606	578,1	26590	592	522
43	750	270,2	5809	557	761	93	623	584,3	27170	644	533
44	0,768	276,5	6082	6,633	3.784	94	1,641	590,6	27760	9,695	4.543
45	785	282,7	6362	708	807	95	658	596,9	28350	747	554
46	803	289,0	6648	782	829	96	676	603,2	28950	798	564
47	0,820	295,3	6940	6,856	3.850	97	1,693	609,5	29560	9,849	4.575
48	838	301,6	7238	6,928	871	98	710	615,8	30170	899	585
49	855	307,9	7543	7,000	892	99	728	622,0	30790	950	595
50	0,873	314,2	7854	7,071	3.912	100	1,745	628,3	31420	10	4.605

Kreis $\sqrt{n}$, ln n

ln 0,23 = ln 23 − ln 100   ln 8900 = ln 89 + ln 100

Tafel 13

Zinseszins q^n. Renten $\frac{q^n - 1}{q - 1}$. $q = 1 + p/100$.

n	3%	3½%	4%	4½%	5%	3%	3½%	4%	4½%	5%
1	1,030	1,035	1,040	1,045	1,050	1,000	1,000	1,000	1,000	1,000
2	061	071	082	092	103	2,030	2,035	2,040	2,045	2,050
3	093	109	125	141	158	3,091	3,106	3,122	3,137	3,153
4	1,126	1,148	1,170	1,193	1,216	4,184	4,215	4,246	4,278	4,310
5	159	188	217	246	276	5,309	5,362	5,416	5,471	5,526
6	194	229	265	302	340	6,468	6,550	6,633	6,717	6,802
7	1,230	1,272	1,316	1,361	1,407	7,662	7,779	7,898	8,019	8,142
8	267	317	369	422	477	8,892	9,052	9,214	9,380	9,549
9	305	363	423	486	551	10,16	10,37	10,58	10,80	11,03
10	1,344	1,411	1,480	1,553	1,629	11,46	11,73	12,01	12,29	12,58
11	1,384	1,460	1,539	1,623	1,710	12,81	13,14	13,49	13,84	14,21
12	426	511	601	696	796	14,19	14,60	15,03	15,46	15,92
13	469	564	665	772	886	15,62	16,11	16,63	17,16	17,71
14	1,513	1,619	1,732	1,852	1,980	17,09	17,68	18,29	18,93	19,60
15	558	675	801	935	2,079	18,60	19,30	20,02	20,78	21,58
16	605	734	873	2,022	183	20,16	20,97	21,82	22,72	23,66
17	1,653	1,795	1,948	2,113	2,292	21,76	22,71	23,70	24,74	25,84
18	702	857	2,026	208	407	23,41	24,50	25,65	26,86	28,13
19	754	923	107	308	527	25,12	26,36	27,67	29,06	30,54
20	1,806	1,990	2,191	2,412	2,653	26,87	28,28	29,78	31,37	33,07
21	1,860	2,059	2,279	2,520	2,786	28,68	30,27	31,97	33,78	35,72
22	916	132	370	634	925	30,54	32,33	34,25	36,30	38,51
23	974	206	465	752	3,072	32,45	34,46	36,62	38,94	41,43
24	2,033	2,283	2,563	2,876	3,225	34,43	36,67	39,08	41,69	44,50
25	094	363	666	3,005	386	36,46	38,95	41,65	44,57	47,73
26	157	446	772	141	556	38,55	41,31	44,31	47,57	51,11
27	2,221	2,532	2,883	3,282	3,733	40,71	43,76	47,08	50,71	54,67
28	288	620	999	430	920	42,93	46,29	49,97	53,99	58,40
29	357	712	3,119	584	4,116	45,22	48,91	52,97	57,42	62,32
30	2,427	2,807	3,243	3,745	4,322	47,58	51,62	56,08	61,01	66,44
31	2,500	2,905	3,373	3,914	4,538	50,00	54,43	59,33	64,78	70,76
32	575	3,007	508	4,090	765	52,50	57,33	62,70	68,67	75,30
33	652	3,112	648	274	5,003	55,08	60,34	66,21	72,76	80,06
34	2,732	3,221	3,794	4,466	5,253	57,73	63,45	69,86	77,03	85,07
35	814	334	946	667	516	60,46	66,67	73,65	81,50	90,32
40	3,262	3,959	4,801	5,816	7,040	75,40	84,55	95,03	107,0	120,8
50	4,384	5,585	7,107	9,033	11,47	112,8	131,0	152,7	178,5	209,3
60	6,336	7,878	10,52	14,03	18,68	163,1	196,5	238,0	289,5	353,6
70	8,619	11,11	15,57	21,78	30,43	230,6	288,9	364,3	461,9	588,5
80	11,73	15,68	23,05	33,83	49,56	321,4	419,3	551,2	729,6	971,2
90	15,95	22,11	34,12	52,54	80,73	443,3	603,2	828,0	1145	1595
100	21,70	31,19	50,50	81,59	131,5	607,3	862,6	1238	1791	2610

Zinseszins

Es ist $\frac{q^n - 1}{q - 1} - 1 = q\,\frac{q^{n-1} - 1}{q - 1}$, also kann man aus Tafel 13 auch vorschüssige Renten bestimmen, weil $R^{(\text{vor})}_{n-1} = R^{(\text{nach})}_{n} - 1$ ist, z. B. bei 4% ist $R^{(\text{vor})}_{20} = 30{,}97$.

Beispiele: 1. Eine Anleihe von 10000 RM zu 4% soll in 20 Jahren getilgt werden.

$$10000 \cdot 1{,}04^{20} = r\,\frac{1{,}04^{20} - 1}{0{,}04} = 21910 = r \cdot 29{,}78, \quad r = 735{,}7 \text{ RM}.$$

2. In welcher Zeit wird eine Anleihe von 50000 RM zu 4% durch jährliche Zahlungen von 4000 getilgt? $50000\,q^n = 4000 \cdot \frac{q^n - 1}{0{,}04}$, $q^n = 2$, $n \approx 17{,}7$ Jahre.

Sterblichkeitstafel
des Vereins Deutscher Versicherungsgesellschaften 4%, $q = 1{,}04$.

Tafel 14

Alter x Jahre	Lebende l_x	$D_x = \dfrac{l_x}{q^x}$	$N_x = \sum\limits_{x}^{100} D_x$	Alter x Jahre	Lebende l_x	$D_x = \dfrac{l_x}{q^x}$	$N_x = \sum\limits_{x}^{100} D_x$
20	100 000	45 639	935 157	**50**	82 593	11 622	153 158
21	99 673	43 740	889 518	51	81 311	11 002	141 536
22	99 347	41 920	845 778	52	79 951	10 401	130 535
23	99 021	40 176	803 858	53	78 509	9 821	120 133
24	98 695	38 503	763 683	54	76 982	9 260	110 312
25	98 369	36 900	725 180	55	75 366	8 716	101 053
26	98 040	35 362	688 280	56	73 658	8 191	92 336
27	97 710	33 887	652 918	57	71 852	7 683	84 145
28	97 377	32 473	619 031	58	69 947	7 192	76 462
29	97 039	31 116	586 558	59	67 941	6 717	69 270
30	96 693	29 812	555 442	**60**	65 832	6 258	62 553
31	96 336	28 560	525 630	61	63 619	5 815	56 295
32	95 964	27 355	497 070	62	61 300	5 388	50 480
33	95 570	26 195	469 715	63	58 882	4 976	45 093
34	95 150	25 077	443 520	64	56 374	4 581	40 116
35	94 698	23 998	418 443	65	53 789	4 203	35 536
36	94 209	22 956	394 445	66	51 142	3 842	31 333
37	93 679	21 949	371 489	67	48 442	3 499	27 491
38	93 108	20 976	349 540	68	45 696	3 174	23 991
39	92 495	20 036	328 564	69	42 906	2 866	20 817
40	91 840	19 129	308 528	**70**	40 074	2 574	17 952
41	91 143	18 254	289 398	71	37 205	2 297	15 378
42	90 405	17 410	271 144	72	34 315	2 037	13 081
43	89 624	16 596	253 735	73	31 430	1 794	11 043
44	88 797	15 810	237 139	74	28 582	1 569	9 249
45	87 919	15 052	221 329	75	25 791	1 361	7 680
46	86 987	14 319	206 278	76	23 081	1 171	6 319
47	85 992	13 611	191 958	77	20 468	998,9	5 147
48	84 931	12 926	178 347	**80**	13 402	581,4	2 601
49	83 799	12 263	165 421	**90**	1 177	34,5	94
50	82 593	11 622	153 158	**100**	2	0,0	0

Für einen $x$jährigen Mann ist der Barwert

1. einer vorschüssigen Leibrente r oder von jährlichen, bis zum Tode zahlbaren Beiträgen $r \cdot \dfrac{N_x}{D_x}$,
2. einer aufgeschobenen (nach m Jahren beginnenden) Rente $r \cdot \dfrac{N_{x+m}}{D_x}$,
3. einer kurzen (nur n Jahre zahlbaren) Rente $r \cdot \dfrac{N_x - N_{x+n}}{D_x}$,
4. eines Kapitals k, das nach n Jahren im Erlebensfall zahlbar ist, $k \cdot \dfrac{D_{x+n}}{D_x}$,
5. einer Lebensversicherung k, die beim Tode zahlbar ist,
$$\dfrac{k}{D_x}\left[\dfrac{1}{q} N_x - N_{x+1}\right],$$
6. einer Lebensversicherung k, die beim Tode oder spätestens nach n Jahren zu zahlen ist, $\dfrac{k}{D_x}\left[\dfrac{1}{q}(N_x - N_{x+n}) - (N_{x+1} - N_{x+n})\right]$;
7. die jährlichen Beiträge für 5. betragen $\dfrac{k}{N_x}\left(\dfrac{1}{q} N_x - N_{x+1}\right)$,
8. „ „ „ „ 6. „
$$\dfrac{k}{N_x - N_{x+t}}\left[\dfrac{1}{q}(N_x - N_{x+n}) - (N_{x+1} - N_{x+n})\right].$$

Zinseszins

Tafel 15

Chemische und physikalische Konstanten.

Ordnungszahl	Elemente $\ominus = 5{,}5 \cdot 10^{-4}$ $\oplus = 1{,}008$		Atomgewicht [1926]	Dichte um 20° * Luft = 1
33	Arsen	As	74,96	5,7
56	Barium	Ba	137,4	3,6
35	Brom	Br	79,92	3,1
20	Calcium	Ca	40,07	1,6
24	Chrom	Cr	52,01	6,7
9	Fluor	F	19,0	* 1,3
2	Helium	He	4,0	* 0,14
77	Iridium	Ir	193,1	22,4
53	Jod	J	126,92	4,9
19	Kalium	K	39,1	0,86
27	Kobalt	Co	58,97	8,8
3	Lithium	Li	6,94	0,5
12	Magnesium	Mg	24,32	1,7
25	Mangan	Mn	54,93	7,3
28	Nickel	Ni	58,68	8,8
76	Osmium	Os	190,9	22,5
15	Phosphor	P	31,04	1,8
34	Selen	Se	79,2	4,8
14	Silicium	Si	28,06	2,3
38	Strontium	Sr	87,6	2,5
90	Thorium	Th	232,1	11,0
92	Uran	U	238,2	18,7
74	Wolfram	W	184,0	19,1
50	Zinn	Sn	118,7	7,3

Tafel 16 Beschleunigung

$g = 980{,}6 - 2{,}6 \cos 2\varphi$ cm/sek²
$-0{,}0003\,H$ cm/sek²
[φ Breite, H Höhe in m über Meer]
$g = 981$ cm/sek² (Mittelwert).
Sekundenpendel (Potsdam) 99,42 cm.
Sterntag $\tau_1 = 86\,164^{\text{sek}}$ $\log \tau_1 = 4.9353$
$4\pi^2 : \tau_1^2 = 5{,}317 \cdot 10^{-9}$ 7257
Mittl. Sonnentag $\tau = 86\,400^{\text{sek}}$ 4.9365
$4\pi^2 : \tau^2 = 5{,}288 \cdot 10^{-9}$ 7233
Siderisches Jahr $365{,}256^{\text{d}}$ 2.5626
„ „ $t = 31{,}56 \cdot 10^{6\,\text{sek}}$ 7.4991
$4\pi^2 : t^2 = 39{,}64 \cdot 10^{-15\,\text{sek}}$ 5981
Beschleunigung des Mondes gegen die Erde.... 2,72 mm/sek²
Beschleunigung der Erde gegen die Sonne .. 5,93 mm/sek²
Beschleunigung an der Oberfläche der Sonne... 274 m/sek²

Lichtjahr .... $9{,}48 \cdot 10^{12}$ km
Parsec = Entfernung eines Sterns, dessen Parallaxe 1″ beträgt, $30 \cdot 10^{12}$ km

Gravitationskonst. $6{,}6_5 \cdot 10^{-8}$ dyncm² g⁻²
Plancksches Wirkungsquantum $h = 6{,}54 \cdot 10^{-27}$ erg.sek.

Phys. Konst.

Dichte in g/ccm

Basalt	3,0
Baumwolle..	1,5
Buche . } Eiche . }	0,7—1
Eis........	0,9
Fette	0,9
Granit .	2,5—3
Kork	0,24
Messing ...	8,5
Seewasser (15°)	1,02
Tanne .	0,4—0,7

Geschichtete Körper

Erde, Lehm und Sand, trocken	1,6
„ naß ..	2,0
Kohle	0,8
Roggen	0,71
Schnee, frisch	0,1
Stroh	0,1
Weizen	0,76

Geschwindigkeiten in m/sek.

Licht u. Elektrizität	$300 \cdot 10^6$	Schall in Luft . .	$331\sqrt{1+0{,}004\,t}$
Erde um die Sonne	$30 \cdot 10^3$	Inf.-Geschoß 920, Art.-Geschoß	450
Erddrehung am Äquator	464	Ozeandampfer.	10
Mond um die Erde .	1000	Fußgänger 1,4; Schnellzug .	22
Leitung in den Nerven	40	Kraftwagen . 22; bei Rennen bis	66
Wind n. Beaufort: 2 leicht	3	Motorrad . . 12; „ „ „	40
4 bewegt kleine Zweige	7	Radfahrer . . 5; „ „ „	20
6 an Häusern hörbar .	11	Pferd im Galopp 6; „ „ „	25
8 Bäume bewegt. . .	15	ZR III. . . . 36; Flugzeug . .	70
10—12 Orkan . .	21—50	Steinwurf . . 16; Taube . . .	20

Taf. 17 Gleichschwebende Stimmung.

Ton	Schwingungszahl	Ton	Schwingungszahl
c_1	258,7	g_1	387,5
cis_1	274,0	gis_1	410,6
d_1	290,3	a_1	*435,0*
dis_1	307,6	ais_1	460,9
e_1	325,9	h_1	488,3
f_1	345,3	c_2	517,3
fis_1	365,8	cis_2	548,1

Optische Konstanten. Wellenlängen.

Fraunhofers Linien	Schwingungszahl 10^{12}	Wellenlänge λ 10^{-6} mm	Brechungsverhältnis für Kronglas	Brechungsverhältnis für Flintglas
B rot	437	687	1,512	1,741
D gelb	509	589	1,515	1,752
H viol.	756	397	1,531	1,811

Röntgenstr. $0{,}01 \cdot 10^{-8}$ bis $12 \cdot 10^{-8}$ cm
ultrav. bis ultrarot $0{,}2 \cdot 10^{-3}$ bis 0,3 mm
Hertzsche Wellen 2 mm bis 30 km.
(Die drahtl. Telegr. arbeitet z. Z. mit Wellenlängen von 1 m bis 25 km.)

Physikalische Konstanten. Tafel 18

Ordnungszahl	Feste Körper Atomgewichte [1926]	Elastizitätsmodul 10^3 kg/mm²	Zugfestigkeit kg/mm²	Dichte bei 18°	Ausdehn. koeff. α zw.0°u.100° 10^{-6}	Schmelzpunkt °	Norm. Siedepunkt °	Verbrennungs- u. Bildungswärme 1 kg in kg-cal	Spezifische Wärme um 18° cal	Schmelzwärme cal	Elektr. Leitungsvermögen Hg = 1
13	Aluminium, Al 27,0	7	27	2,7	24	658	1800	7015	0,21	94	31,7
82	Blei, Pb 207,2....	2	2	11,3	29	327	1525	255	0,03	6	4,6
6	Diamant, C 12,0..	—	—	3,5	1	—	—	7870	0,12	—	—
—	Eichenholz.......	1	10	0,7	5	—	—	2800	0,6	—	—
26	Eisen, Fe 55,84 ..	21	60	7,8	12	1530	2450	1616	0,11	49	6—10
—	Stahl [1% C]..	21	99	7,8	11	1350	—	—	0,11		} 2—6
—	Gußeisen [4% C]	13	20	7,2	11	1200	—	—	0,13	30	
—	Glas...........	6	—	2,5	8	1100	—	—	0,19	—	10^{-12}
79	Gold, Au 197,2 ..	8	27	19,3	14	1063	2500	— 31	0,03	16	41
29	Kupfer, Cu 63,57.	12	40	8,9	17	1083	2300	577	0,09	41	55
11	Natrium Na 23,00.	—	—	1,0	71	98	877	2185	0,30	27	18
78	Platin, Pt 195,2...	17	30	21,4	9	1764	3800	—	0,03	27	6,5
16	Schwefel, S 32,07.	—	—	2,0	90	113	445	2220	0,17	9	—
47	Silber, Ag 107,88.	7	29	10,5	20	961	1950	26	0,06	26	59
30	Zink, Zn 65,37....	11	13	7,1	30	419	906	1304	0,09	23	15

Flüssigkeiten	Dichte bei 18° auf Wasser von 4°	Ausdehnungskoeff. um 18°	Schmelzpunkt [Druck 760 mm] °	Siedepunkt °	Verbrennungs- u. Bildungswärme cal.	Spezifische Wärme um 18° cal.	Schmelzwärme cal.	Verdampfungswärme am Siedepunkt cal.	Brechungsindex für Na-Licht
Äther, $C_4H_{10}O$ ..	0,72	0,0016	— 116	35	8900	0,56	27	90	1,36
Alkohol, C_2H_6O ..	0,79	11	— 114	78	7100	0,58	—	202	1,36
Benzol C_6H_6	0,88	12	+ 5	80	10000	0,41	30	94	1,50
Quecksilb. Hg 200,6	13,55	018	— 39	357	100	0,033	2,8	68	—
Schwefelkohlenst.	1,27	12	— 112	46	3400	0,24	—	85	1,63
Wasser, H_2O	0,999	02	0	100	33900	1,000	80	539	1,33

Gase	Litergewicht [0°, 760] g	Spannungskoeff. 0°—100° 0,00	Schmelzpunkt °	Siedepunkt [Druck 760 mm] °	Verbrennungs- u. Bildungswärme cal.	Spez. Wärme b. konst. Druck c_p bei 18°	$\frac{c_p}{c_v}$ 18°	Kritische Temperatur °	Krit. Druck m Hg
Ammoniak, NH_3.	0,771	380	— 78	— 34	—	0,52	1,31	+ 133	85
Argon, Ar 39,88 ..	1,784	367	— 189	— 186	—	0,127	1,65	— 122	36
Chlor, Cl 35,46 ..	3,214	—	— 100	— 35	—	0,124	1,36	+ 144	58
Kohlensäure, CO_2	1,977	373	— 57	— 78	7870	0,202	1,30	+ 31	55
Luft [23g O+77g N]	1,293	367	—	— 193	—	0,241	1,40	—	28
Sauerstoff, O 16,0	1,429	367	— 218	— 183	—	0,218	1,40	— 119	38
Schwefeldioxyd SO_2	2,927	385	— 72	— 10	2220	0,154	1,29	+ 157	59
Stickstoff, N 14,01	1,251	367	— 210	— 196	— 400	0,249	1,40	— 147	25
Wasserdampf H_2O	—	—	0	+ 100	—	0,481	1,30	+ 374	156
Wasserstoff H 1,008	0,0899	366	— 259	— 253	33900	3,41	1,41	— 240	10

Widerstand von 1 m Länge u. 1 qmm Querschnitt bei 18° in Ohm

Kupfer ... 0,017	Schwefelsäure (30%) .13500
Eisen .. 0,1—0,5	Kupfersulfat (15%) .240·10^3
Platin ... 0,107	Reines Wasser ..... 13·10^9
Nickelin .. 0,40	1 g-Gew. = 981 Dyn
Konstantan 0,50	1 Erg = 1 Dyn ·1 cm
Quecksilber 0,958	1 Joule = 10^7 Erg
Gaskohle. 60	1 Watt (VA) = Joule/sek.

Ein Ohm = 1,063 m Hg u. 1 qmm bei 0°

Ein Ampere liefert in 1 min:

10,44 ccm Knallgas, 67,08 mg Ag

19,76 mg Cu; zersetzt 5,60 mg Wasser.

1 kg-calorie = 427 mkg

1 Pferdestärke = 75 mkg/sek

1 Kilowatt { = 102 mkg/sek

kW { = 1,36 PS

1 kWh = 860 kg-cal.

Mittlerer Barometerstand		Mittlere Strahlenbrechung		Entfernung der Kimm		
i. d. Höhe h über d. Meeresspiegel		Höhe	Refraktion	Augeshöhe	Kimmtiefe	Entfern. d.Kimm
m	mm	°	°	m	°	Seemeile
0	760	0	0,58	0,5	0,02	1,47
100	751	1	0,41	1	0,03	2,08
200	742	2	0,30	2	0,04	2,93
300	733	3	0,24	3	0,05	3,59
400	724	4	0,19	4	0,06	4,15
500	716	5	0,16	5	0,07	4,64
600	707	6	0,14	6	0,07	5,08
700	699	7	0,12	7	0,08	5,49
800	690	8	0,11	8	0,08	5,87
900	682	9	0,10	9	0,09	6,23
1000	674	10	0,09	10	0,09	6,56
2000	597	20	0,04	20	0,13	9,28
3000	526	40	0,02	30	0,16	11,4
4000	463	60	0,01	40	0,19	13,1
5000	406	Halbmesser der Sonne		50	0,21	14,7
6000	355		°	60	0,23	16,1
7000	309	1. Januar	0,271	70	0,25	17,4
8000	267	1. April	0,267	80	0,27	18,6
9000	231	1. Juli	0,262	90	0,28	19,7
10000	200	1. Oktbr.	0,267	100	0,30	20,8

Der **Meereshorizont (Kimm)** erscheint von h^{m} Höhe in $e = \sqrt{(r+h)^2 - r^2} = 1{,}927\sqrt{h}$ Seemeilen, und er liegt unter dem wahren Horizont um $\alpha = 0{,}03212^{0}\sqrt{h}$, weil $\sin\alpha = \sqrt{2rh} : [r + (h)]$ ist. Infolge der Strahlenbrechung wird aber $e = 2{,}075^{sm}\sqrt{h}$, $\alpha = 0{,}02965^{0}\sqrt{h}$. Z. B. für die Augenhöhe 3^{m} wird ein 30^{m} hohes Leuchtfeuer in $3{,}6 + 11{,}4^{sm}$ sichtbar.

Reibungskoeffizienten:

Metall a. Metall (trocken)	0,1–0,3
„ „ „ (geschmiert)	0,009–0,1
Wagen	0,05–0,1
Eisenbahn	0,005

1 Atmosphärendruck

$1{,}033^{kg}$ (techn. 1^{kg}) auf 1^{qcm}

Sonnenstrahlung

in 1^{min} auf 1^{qcm} 2^{g}-Kalorien.

H-Atom. Masse(+Jon.) $1{,}66 \cdot 10^{-24}$ g,
Masse des – Elektrons $9 \cdot 10^{-28}$ g,
Atomkern $r \approx 10^{-13}$ cm,
Elektronenbahn $r \approx 10^{-8}$ cm.

Loschmidtsche Zahl: Molekeln in 1^{ccm} bei 0^{0}, 760^{mm} . . . . . . $2{,}71 \cdot 10^{19}$
„ „ [Molvolumen 22,4 l] Molekeln im Gramm-Molekel $6{,}06 \cdot 10^{23}$
Geschwindigkeit der Molekeln, $H \approx 1700$, $N \approx 500^{m/sek}$. Mittlerer Weg 10^{-5} cm

Tafel 20 **Valuten 1. III. 1928 (abgerundet).** **1 kg Gold gilt 2790 $\mathcal{RM}$**

Münzen
Astron.

	Einheit	Parität in $\mathcal{RM}$	Kurs in $\mathcal{RM}$		Einheit	Parität in $\mathcal{RM}$	Kurs in $\mathcal{RM}$
Danzig . . .	100 Gulden	4 £	81	**Litauen** .	100 Litas	10 $	41
Frankreich . .	100 Frank	81	16	Österreich .	100 Schilling	59	59
Finnland . . .	100 finn. Mark	81	11	Polen . . .	100 Zloty	81	47
Großbritannien	1 £ = 20 sh	20,40	20	Rußland . .	Tscherwonza	21,6	—
Holland . . .	100 hfl	169	169	Schweden .	100 Kronen	112,50	112
Japan	100 Yen	209	196	Tschechosl.	100 Kronen	81	12
Italien	100 Lire	81	22	Spanien . .	100 Peseta	81	71
Jugoslawien .	100 Dinar	81	7	Ver. Staaten	1 Dollar $	4,20	4,20

Tafel 21 **Längen-, Flächen-, Raummaße und Gewichte.**

		Log.			Log.
Preuß. (rheinl.) Fuß	$0{,}3139^{m}$	9.4967	Geogr. Quadratmeile	$55{,}06^{qkm}$	1.7409
Preuß. Rute = 12 Fuß	$3{,}766^{m}$	0.5759	Russ. Werst = 1500 Arschin	$1{,}067^{km}$	0.0281
Pariser Linie . . .	$2{,}2558^{mm}$	0.3533	Morgen	$0{,}2553^{ha}$	9.4071
Pariser Fuß = 12 Zoll	$0{,}3248^{m}$	9.5117	Russ. Dessätine . .	$1{,}0925^{ha}$	0.0384
Engl. Zoll (Inch) .	$2{,}540^{cm}$	0.4048	Scheffel	$54{,}96^{l}$	1.7401
Engl. (Russ.) Fuß .	$0{,}3048^{m}$	9.4840	Registertonne . .	$2{,}832^{cbm}$	0.4520
Engl. Yard = 3 Fuß	$0{,}9144^{m}$	9.9611	Amerikan. Bushel .	$35{,}24^{l}$	1.5470
Faden = 2 Yard .	$1{,}8288^{m}$	0.2622	Gallon	$4{,}543^{l}$	0.6574
Engl. Meile	$1{,}609^{km}$	0.2066	Russ. Tschetwert .	$209{,}9^{l}$	2.3220
Seemeile = 1^{0} : 60 .	$1{,}852^{km}$	0.2676	Engl. Pfund . . .	$0{,}4536^{kg}$	9.6567
Geogr. Meile . . .	$7{,}420^{km}$	0.8704	Pud = 40 russ. Pfd.	$16{,}38^{kg}$	1.2143

Astronomische Konstanten.

Planeten	[Größte Entfernung $a(1+\varepsilon)$] Mittlere Entfernung a von ☉ 10^6 km	Erde = 1	Exzentrizität ε $\varepsilon = e:a$	Umlaufszeit	Mittlere Bewegung in 1 Tag °	Äquatorhalbmesser km	Mittlere Dichte Erde = 1	Neigung gegen die Ekliptik °	Mittl. heliozentr. Länge 1928,0 W.Z. °
Merkur ☿ . .	57,9	0,3871	0,206	$87{,}97^d$	4,092	2 360	1,1	7,0	264,6
Venus ♀ . . .	108,1	0,7233	0,007	$224{,}7^d$	1,6021	6 160	0,9	3,4	165,7
Erde ♁	149,5	1	0,017	$365{,}256^d$	0,9856	6 378	1	—	98,4
Mars ♂	227,8	1,524	0,093	$1{,}881^a$	0,5240	3 445	0,7	1,9	252,6
1069 Asteroiden	2–852	1,5-5,7	0–0,4	$1{,}8–14^a$	0,6–0,07	bis 400	—	bis 35	—
Jupiter ♃ . .	777,7	5,203	0,048	$11{,}862^a$	0,08309	71 030	0,25	1,3	8,1
Saturn ♄ . .	1428	9,555	0,056	$29{,}46^a$	0,03346	59 800	0,13	2,5	249,1
Uranus ⛢ . .	2873	19,22	0,046	$84{,}02^a$	0,01173	25 350	0,23	0,8	4,5
Neptun ♆ . .	4501	30,11	0,009	$164{,}8^a$	0,00598	27 200	0,22	1,8	146,6

Fixsterne 1930,0	Rektaszension h min	Deklination °
β Cassiopeiae .	0 5,4	58,76
Polarstern . . .	1 36,9	88,93
Algol (β Persei)	3 3,6	40,69
Aldebaran . . .	4 31,9	16,37
β Orionis	5 11,2	− 8,28
Capella	5 11,5	45,93
Sirius	6 42,1	−16,62
β Geminorum .	7 41,0	28,20
α Ursae maj. .	10 59,4	62,13
Spica (α Virgin.)	13 21,5	−10,80
Arctur	14 12,5	19,55
Wega (α Lyrae)	18 34,6	38,72
Deneb (α Cygni)	20 39,0	45,03

Sonne. ☉

Parallaxe . . . . . $0{,}002444^0$
Halbmesser . . . 695400^{km}
Dichte (Erde = 1) 0,256
☉ Masse = 333 400 . ♁ Masse
Umdrehungszeit . . $25–27^d$

Mond. ☾

Mittl. Abstand . 384400^{km}
Exzentrizität 0,055
Halbmesser . . . . 1740^{km}
Sider. Umlaufszeit $27{,}322^d$
Synodische „ $29{,}531^d$
Neigung der Bahn . $5{,}14^0$
Dichte (Erde = 1) . 0,62
☉ Finsternis 1928 Nov. 12

Erde. ♁

Sterntag . . $23^h\,56^m\,4{,}1^s$
Präzession . . $0{,}014^0$
Nutation . . . $0{,}00256^0$
Gr. Halbachse . 6378^{km}
Kleine „ . 6357^{km}
Kugelradius . 6371^{km}
Äquatorgrad . $111{,}3^{km}$
Meridian-Grad am Pol $111{,}7^{km}$
„ am Äquat. $110{,}6^{km}$
„ mittlerer $111{,}1^{km}$
Abplattung $\frac{a-b}{a} = \frac{1}{297}$.
Schiefe der Ekliptik $23{,}45^0$.
Dichte (Wasser = 1) 5,5
♁ Masse = 80,6 . ☾ Masse

Aberration . $0{,}0057^0$

Parallaxen
α Centauri $0{,}00021^0$
61 Cygni $0{,}00008^0$
Sirius . . . $0{,}00011^0$
Wega . . . $0{,}00002^0$

Algol
Periode . $2{,}8673^d$
Minimum (W. Z.)
1927 Nov. 15, 20^h

Jupitermonde.

	Abstand 10^6 km	Umlaufszeit (Tage)
V	0,184	0,498
I	0,427	1,769
II	0,679	3,551
III	1,084	7,155
IV	1,906	16,689
6; 7	11,6; 12,1	251; 260
8; 9	23,9; 24,9	$2{,}0^a$; $2{,}1^a$

Kometen.

Kometen	Perihel. Erde = 1	Aphel. Erde = 1	Umlaufszeit in Jahren
Encke (1924)	0,340	4,095	3,303
Winnecke (27)	0,887	5,584	5,820
Faye (1925)	1,738	5,970	7,4
Tuttle (1926)	1,025	10,46	13,7
Olbers (1887)	1,20	33,62	72,6
Halley (1910)	0,59	35,41	76,1

W.Z.: **Welt-Zeit** = Bürgerliche Zeit Greenwich. 0^h W.Z. = Mitternacht. Stundenzählung von $0 \rightarrow 24^h$. 1925 Jan. $1{,}0^h$ W.Z. = 1924 Dez. 31, 12^h Mittlere Zeit. 1927,0 W.Z. = 1926 Dez. $31{,}0^h$ W.Z.

M.E.Z.: **Mitteleurop. Zeit** = W.Z. + 1^h = Mittl. Ortszeit + $(15 - \lambda) \cdot 4^{min}$.

Lage des Schulorts (Angaben erhält man durch das Katasteramt oder die Karte.)	Lage benachbarter Orte, bezogen auf den Schulort		nördl. (südl.)	östl. (westl.)	Höhe ü. Meer
Breite	51° 25'	51,42°	km n.	km ö.	m
Länge östl. von Greenw.	9° 39'	9,65°	km n.		
Höhe ü. Meer					
Magn. Dekl.					
M.E.Z. — Ortszeit =					

Tafel 23

Abweichung der Sonne, Zeitgleichung, Sternzeit

Tag	$\Theta_0 = 6$ h 38,6 min Sternzeit für 0 h W.Z. am 1. **Januar** Abw. °	Ztgl. min.	8 h 40,8 min **Februar** Abw. °	Ztgl. min.	10 h 31,2 min **März** Abw. °	Ztgl. min.	12 h 33,4 min **April** Abw. °	Ztgl. min.	14 h 31,7 min **Mai** Abw. °	Ztgl. min.	16 h 33,9 min **Juni** Abw. °	Ztgl. min.
	−	+	−	+	∓	+	+	±	+	−	+	∓
1	23,10	3,1	17,44	13,5	−8,05	12,7	4,07	+4,3	14,70	2,8	21,89	−2,5
2	23,03	3,5	17,16	13,7	−7,67	12,5	4,46	+4,0	15,01	2,9	22,03	−2,4
3	22,94	4,0	16,87	13,8	−7,29	12,3	4,84	+3,7	15,31	3,0	22,16	−2,2
4	22,85	4,5	16,58	13,9	−6,90	12,1	5,23	+3,4	15,61	3,2	22,29	−2,1
5	22,75	4,9	16,29	14,0	−6,52	11,9	5,61	+3,1	15,90	3,3	22,41	−1,9
6	22,64	5,4	15,99	14,1	−6,13	11,7	5,99	+2,9	16,19	3,4	22,53	−1,7
7	22,53	5,8	15,68	14,2	−5,75	11,5	6,37	+2,6	16,47	3,4	22,63	−1,6
8	22,40	6,3	15,37	14,3	−5,36	11,2	6,75	+2,3	16,75	3,5	22,74	−1,4
9	22,27	6,7	15,06	14,3	−4,97	11,0	7,12	+2,0	17,03	3,6	22,83	−1,2
10	22,14	7,1	14,74	14,3	−4,58	10,7	7,49	+1,7	17,30	3,6	22,92	−1,0
11	21,99	7,5	14,42	14,4	−4,19	10,5	7,87	+1,4	17,56	3,7	23,00	−0,8
12	21,84	8,0	14,09	14,4	−3,80	10,2	8,23	+1,2	17,82	3,7	23,08	−0,6
13	21,68	8,3	13,76	14,4	−3,40	10,0	8,60	+0,9	18,08	3,7	23,14	−0,4
14	21,52	8,7	13,43	14,4	−3,01	9,7	8,97	+0,6	18,33	3,8	23,20	−0,2
15	21,34	9,1	13,09	14,3	−2,62	9,4	9,33	+0,4	18,57	3,8	23,26	−0,0
16	21,16	9,5	12,75	14,3	−2,22	9,1	9,69	+0,1	18,81	3,8	23,31	+0,2
17	20,98	9,8	12,40	14,2	−1,83	8,8	10,04	−0,1	19,05	3,8	23,35	+0,4
18	20,79	10,1	12,06	14,2	−1,43	8,6	10,40	−0,4	19,28	3,8	23,38	+0,6
19	20,59	10,5	11,71	14,1	−1,04	8,3	10,75	−0,6	19,50	3,7	23,41	+0,8
20	20,38	10,8	11,35	14,0	−0,64	8,0	11,10	−0,8	19,72	3,7	23,43	+1,1
21	20,17	11,1	10,99	13,9	−0,25	7,7	11,44	−1,0	19,93	3,6	23,44	+1,3
22	19,95	11,4	10,64	13,8	+0,15	7,4	11,78	−1,2	20,14	3,6	23,45	+1,5
23	19,73	11,6	10,27	13,7	+0,54	7,1	12,12	−1,4	20,34	3,5	23,45	+1,7
24	19,50	11,9	9,91	13,5	+0,94	6,8	12,46	−1,6	20,54	3,4	23,44	+1,9
25	19,26	12,2	9,54	13,4	+1,33	6,5	12,79	−1,8	20,73	3,4	23,43	+2,1
26	19,02	12,4	9,17	13,2	+1,72	6,2	13,12	−2,0	20,91	3,3	23,40	+2,3
27	18,77	12,6	8,80	13,1	+2,12	5,8	13,44	−2,2	21,09	3,2	23,38	+2,6
28	18,51	12,8	8,42	12,9	+2,51	5,5	13,76	−2,4	21,26	3,1	23,34	+2,8
29	18,25	13,0	8,05	12,7	+2,90	5,2	14,08	−2,5	21,43	2,9	23,30	+3,0
30	17,99	13,2			+3,29	4,9	14,39	−2,7	21,59	2,8	23,25	+3,2
31	17,72	13,4			+3,68	4,6			21,74	2,7		
Zahl der Tage		31	59 (60[s])		90 (91[s])		120 (121[s])		151 (152[s])		181 (182[s])	

Abweich. Sternw.

Jahr	k (Tage)
1923	0,97
1924[s]	0,73
1925	0,48
1926	0,24
1927	0,00
1928[s]	0,76
1929	0,52
1930	0,27
1931	0,03
1932[s]	0,79
1933	0,55
1934	0,30
1935	0,06
1936[s]	0,82
1937	0,58

Abweichung, Zeitgl., Sternzeit gilt für 1927 Weltzeit 0^h. In anderen Jahren ändert man, da das tropische Jahr $365{,}2422^d$ hat, den Tag um k, z. B. 1930 Dez. 13 = Dez. 13,27. Im Schaltjahr (s) ist im Januar und Februar das Datum um 1 zu vermindern, 1932 Jan. 27 = Jan. 26,79. Westl. von Greenw. wächst δ mit der Länge [l : 360°], östlich ist l negativ. δ wächst auch mit t ($3^h\ 20^m$ nachm. = $0{,}64^d = t$). Z. B. 1930 Mai 24, nachm. 8 Uhr in Berlin ist $k + l + t = 0{,}27 - 0{,}04 + 0{,}83 = 1{,}06$ und Mai 25,06 wird $\delta = 20{,}74^0$.

24^h Mittlere Sonnenzeit = $24^h\ 3{,}94^{min}$ Sternzeit.

Θ: Sternzeit = Stundenwinkel des Frühlingspunktes, $\Theta = \alpha + t$.

Θ_0: Sternzeit um 0^h Welt-Zeit wächst für jeden Tag d um $3{,}94^{min}$.

Θ: Sternzeit um t^h Welt-Zeit $\Theta \approx \Theta_0{}^h + t^h + 4d^{min}$. Z. B. 1930 Mai 24, nachm. 8 Uhr Berlin wird $\Theta \approx 14^h\ 31{,}7^{min} + 20^h + 4 \cdot 23^{min} = 12^h\ 4^{min}$. [genauer $\Theta = \Theta_0{}^h + t^h + (d + k + l + t)\ 3{,}94^{min}$]

α_m: Geradaufsteigung der mittleren Sonne $\alpha_m = \Theta_0 \pm 12^h$

α: Geradaufsteigung der wahren Sonne $\alpha = \Theta_0 \pm 12^h +$ Zeitgleichung.

Zeitgleichung = Mittlere Zeit minus Wahre Zeit.

Ein Stern Kullnimert, wenn seine Geradaufsteigung = Sternzeit wird.

Für jeden Stern ist Sternzeit = Geradaufsteigung + Stundenwinkel.

und die Lage einiger Sternwarten. Tafel 23

Tag	Θ_0 = 18 h 32,2 min Sternzeit 0 h W.Z. am 1. **Juli** Abw. °	Ztgl. min.	20 h 34,4 min **August** Abw. °	Ztgl. min.	22 h 36,5 min **September** Abw. °	Ztgl. min.	0 h 34,9 min **Oktober** Abw. °	Ztgl. min.	2 h 37,1 min **November** Abw. °	Ztgl. min.	4 h 35,4 min **Dezember** Abw. °	Ztgl. min.
	+	+	+	+	±	±	−	−	−	−	−	∓
1	23,20	3,4	18,34	6,3	+8,74	+0,4	2,71	9,9	14,04	16,3	21,62	−11,4
2	23,13	3,6	18,09	6,2	+8,37	+0,1	3,10	10,2	14,37	16,3	21,78	−11,0
3	23,07	3,8	17,84	6,1	+8,01	−0,3	3,48	10,5	14,68	16,3	21,93	−10,6
4	22,99	4,0	17,58	6,1	+7,65	−0,6	3,87	10,8	15,00	16,4	22,08	−10,2
5	22,91	4,2	17,32	6,0	+7,28	−0,9	4,26	11,1	15,31	16,4	22,22	−9,8
6	22,82	4,3	17,05	5,9	+6,91	−1,2	4,64	11,4	15,62	16,3	22,35	−9,4
7	22,72	4,5	16,78	5,8	+6,54	−1,6	5,03	11,7	15,92	16,3	22,48	−9,0
8	22,62	4,7	16,50	5,7	+6,16	−1,9	5,41	12,0	16,22	16,3	22,59	−8,6
9	22,51	4,8	16,22	5,6	+5,79	−2,2	5,80	12,3	16,51	16,2	22,70	−8,2
10	22,40	5,0	15,93	5,4	+5,41	−2,6	6,18	12,6	16,80	16,1	22,81	−7,7
11	22,28	5,1	15,65	5,3	+5,03	−2,9	6,56	12,9	17,09	16,0	22,90	−7,3
12	22,15	5,3	15,35	5,1	+4,65	−3,3	6,94	13,1	17,37	15,9	22,99	−6,8
13	22,01	5,4	15,05	5,0	+4,27	−3,6	7,31	13,4	17,64	15,8	23,07	−6,3
14	21,87	5,5	14,75	4,8	+3,89	−4,0	7,69	13,6	17,91	15,7	23,14	−5,9
15	21,73	5,6	14,45	4,6	+3,51	−4,3	8,06	13,9	18,18	15,5	23,21	−5,4
16	21,57	5,7	14,14	4,4	+3,12	−4,7	8,43	14,1	18,44	15,4	23,27	−4,9
17	21,42	5,8	13,82	4,2	+2,74	−5,0	8,80	14,3	18,69	15,2	23,31	−4,4
18	21,25	5,9	13,51	4,0	+2,35	−5,4	9,17	14,5	18,94	15,0	23,36	−4,0
19	21,08	6,0	13,19	3,8	+1,97	−5,8	9,54	14,7	19,18	14,8	23,39	−3,5
20	20,90	6,1	12,86	3,6	+1,58	−6,1	9,90	14,9	19,42	14,6	23,42	−3,0
21	20,72	6,2	12,54	3,4	+1,19	−6,5	10,26	15,1	19,65	14,4	23,44	−2,5
22	20,53	6,2	12,21	3,1	+0,80	−6,8	10,62	15,3	19,87	14,1	23,45	−2,0
23	20,34	6,3	11,87	2,9	+0,41	−7,2	10,98	15,4	20,09	13,9	23,45	−1,5
24	20,14	6,3	11,53	2,6	+0,02	−7,5	11,33	15,6	20,31	13,6	23,44	−1,0
25	19,93	6,3	11,19	2,4	−0,37	−7,9	11,68	15,7	20,51	13,3	23,43	−0,5
26	19,72	6,4	10,85	2,1	−0,76	−8,2	12,03	15,8	20,71	13,0	23,41	+0,0
27	19,50	6,4	10,51	1,8	−1,15	−8,5	12,37	15,9	20,91	12,7	23,38	+0,5
28	19,28	6,4	10,16	1,6	−1,54	−8,9	12,71	16,0	21,10	12,4	23,34	+1,0
29	19,05	6,4	9,81	1,3	−1,93	−9,2	13,05	16,1	21,28	12,1	23,30	+1,5
30	18,82	6,3	9,45	1,0	−2,32	−9,6	13,38	16,2	21,45	11,7	23,25	+2,0
31	18,58	6,3	9,09	0,7			13,71	16,2			23,19	+2,5
Tage	212 (213^s)		243 (244^s)		273 (274^s)		304 (305^s)		334 (335^s)		365 (366^s)	

Tafel 24

Sternwarte	Breite °	Länge v. Greenwich ° + westl.	l in Tagen	Sternwarte	Breite °	Länge v. Greenwich ° + westlich	l in Tagen
Athen	37,97	−23,73	−0,07	München	48,15	− 11,61^0	−0,03
Berlin-Babelsb.	52,41	−13,11	−0,04	Neuyork .. .	40,76	+ 73,97	+0,21
Bombay	18,89	−72,82	−0,20	Paris	48,84	− 2,34	−0,01
Bonn........	50,73	− 7,10	−0,02	Rio de Janeiro	−22,91	+ 43,17	+0,12
Breslau	51,12	−17,04	−0,05	Rom	41,90	− 12,48	−0,03
Greenwich .. .	51,48	0	0	San Franzisko	37,79	+122,43	+0,34
Hamburg-Bgdf.	53,48	−10,24	−0,03	Santiago	−33,45	+ 70,69	+0,20
Kairo	30,08	−31,29	−0,09	Stockholm ...	59,34	− 18,06	−0,05
Kapstadt.....	−33,93	−18,48	−0,05	Straßburg	48,58	− 7,77	−0,02
Königsberg ..	54,71	−20,50	−0,06	Tokio	35,65	−139,74	−0,39
Leipzig	51,33	−12,39	−0.03	Tsingtau	36,07	−120,31	−0,33
Lissabon	38,71	+ 9,19	+0,03	Wien	48,23	− 16,34	−0,05
Moskau	55,76	−37,57	−0,10	Zürich	47,38	− 8,55	−0,02

Abweich
Sternw

Platz für Bemerkungen.

Der Sinus eines Winkels ist das Verhältnis der Gegenkathete zur ~~Ankathete~~ Hypotenuse

Der Kosinus " " " " " " Ankathete " ~~Gegenkathete~~ Hypotenuse.

Der Tangens " " " " " " Gegenkathete " Ankathete.

Der Kotangens " " " " " " Ankathete " Gegenkathete.

$\sin\alpha = \cos(90-\alpha)$ $\cos\alpha = \sin(90-\alpha)$

	0°	30°	45°	60°	90°	
sin	0	1/2	$\frac{1}{2}\sqrt{2}$	$\frac{1}{2}\sqrt{3}$	1	
cos	1	$\frac{1}{2}\sqrt{3}$	$\frac{1}{2}\sqrt{2}$	1/2	0	
tg	0	$\frac{1}{3}\sqrt{3}$	1	$\sqrt{3}$	∞	
ctg	∞	$\sqrt{3}$	1	$\frac{1}{3}\sqrt{3}$	0	

	0°	90°	180	270	360
sin	0	1	0	-1	0
cos	1	0	-1	0	1
tg	0	∞	0	∞	-∞
ctg	∞	0	∞	0	

	I	II	III.	IV
sin	+	+	—	—
cos	+	—	—	+
tg	+	—	+	—
ctg	+	—	+	—

Formeln.

1. Potenzen, Wurzeln, Logarithmen.

$(a \pm b)^2 = a^2 \pm 2ab + b^2$ $\qquad$ $(a+b)(a-b) = a^2 - b^2$

$(a \pm b + c)^2 = a^2 + b^2 + c^2 \pm 2ab + 2ac \pm 2bc$

$(a \pm b)^3 = a^3 \pm 3a^2b + 3ab^2 \pm b^3.$ $\qquad$ $a^3 - b^3 = (a-b)(a^2+ab+b^2)$

$a^3 + b^3 = (a+b)(a^2-ab+b^2)$

$a^p \cdot b^p = (ab)^p$ $\qquad$ $a^p \cdot a^q = a^{p+q}$ $\qquad$ $\log ab = \log a + \log b$

$a^p : b^p = \left(\frac{a}{b}\right)^p$ $\qquad$ $a^p : a^q = a^{p-q}$ $\qquad$ $\log \frac{a}{b} = \log a - \log b$

$\sqrt[p]{a} \cdot \sqrt[p]{b} = \sqrt[p]{ab}$ $\qquad$ $(a^p)^q = a^{pq} = (a^q)^p$ $\qquad$ $\log a^p = p \cdot \log a$

$\sqrt[p]{a} : \sqrt[p]{b} = \sqrt[p]{a:b}$ $\qquad$ $\sqrt[q]{a^p} = a^{\frac{p}{q}} = (\sqrt[q]{a})^p$ $\qquad$ $\log \sqrt[q]{a} = \frac{1}{q} \log a.$

$a^0 = 1;$ $\qquad$ $a^{-n} = \frac{1}{a^n};$ $\qquad$ $a^{\frac{1}{p}} = \sqrt[p]{a}.$

$10^x = a;\quad x = \log a$ $\qquad$ $\log a \cdot \ln 10 = \ln a$ $\qquad$ $\ln 10 = 2{,}3026$

$e^y = a;\quad y = \ln a$ $\qquad$ $\ln a \cdot \log e = \log a$ $\qquad$ $\log e = 0{,}4343.$

$$a^x = e^{x \ln a}.$$

2. Arithmetische und geometrische Reihen. Zinseszins.

Arithmetische Reihen

$$a_n = t = a + (n-1)d$$

$$s = \frac{n}{2}[2a + (n-1)d] = \frac{n}{2}(a+t)$$

$$\sum_1^n n = 1 + 2 + 3 + \cdots + n = \frac{n}{2}(n+1)$$

$$\sum_1^n n^2 = 1^2 + 2^2 + 3^2 + \cdots + n^2 = \frac{n}{3}(n+1)\left(n+\frac{1}{2}\right)$$

$$\sum_1^n n^3 = 1^3 + 2^3 + 3^3 + \cdots + n^3 = \frac{n^2}{4}(n+1)^2.$$

Schülke, Mathematischer Formelanhang zu Ausg. B. 17. Aufl.

Formal-
anhang

Geometrische $a_n = aq^{n-1}$
Reihen
$$s_n = a \cdot \frac{q^n - 1}{q - 1}. \quad \text{Für } |q| < 1 \text{ wird } \lim_{n \to \infty} s_n = \frac{a}{1-q};$$

$$\frac{a^n - b^n}{a - b} = a^{n-1} + a^{n-2}b + a^{n-3}b^2 + \cdots + b^{n-1}.$$

Zinsen $z = \frac{kpn}{100}$. Zinsfaktor $q = 1 + \frac{p}{100}$.

Zinseszins Kapital: Endwert kq^n, Barwert $\frac{k}{q^n}$.

Rente (nachschüssig): Endwert $r\frac{q^n-1}{q-1}$, Barwert $\frac{r}{q^n}\frac{q^n-1}{q-1}$,

„ (vorschüssig): „ $rq\frac{q^n-1}{q-1}$, „ $\frac{r}{q^{n-1}}\frac{q^n-1}{q-1}$.

3. Kombinatorik und binomischer Satz.

Permutationen $P = 1 \cdot 2 \cdot 3 \cdots n = n!;$ $P_1 = \frac{n!}{\alpha!\beta!}.$

Variationen $V_{o.w.} = n(n-1)\cdots(n-k+1);$ $V_{m.w.} = n^k.$

Kombinationen $K_{o.w.} = \frac{n(n-1)\cdots(n-k+1)}{k!} = \binom{n}{k};$ $K_{m.w.} = \frac{n(n+1)\cdots(n+k-1)}{k!}$

Wahrscheinlichkeit $w = \frac{g}{m};$ $u = 1 - w;$

$W = w_1 + w_2$ (entweder, oder); $W = w_1 w_2$ (sowohl, als auch).

Binom. Satz $(a+b)^n = a^n + \binom{n}{1}a^{n-1}b + \binom{n}{2}a^{n-2}b^2 + \cdots + b^n;$ $n > 0,$ ganz.

$\binom{n}{k} = \frac{n!}{k!(n-k)!} = \binom{n}{n-k}$ $\binom{n}{k} + \binom{n}{k-1} = \binom{n+1}{k}.$

4. Gleichungen.

Quadrat. $x^2 + px + q = 0$
Gleichung

$$x_{1,2} = -\frac{p}{2} \pm \sqrt{\frac{p^2}{4} - q} \qquad x_1 + x_2 = -p, \quad x_1 x_2 = +q.$$

Näherungslösung von $y = f(x) = 0$:

a) aus zwei bekannten Näherungen x_1 und x_2 folgt

$$x_3 = x_1 - \frac{x_2 - x_1}{y_2 - y_1} \cdot y_1 \quad \text{(regula falsi)},$$

b) aus einer Näherung x_1 folgt

$$x_2 = x_1 - \frac{f(x_1)}{f'(x_1)} \quad \text{(Newtons Verfahren)}.$$

5. Ebene Geometrie.

$F = a^2$, $d = a\sqrt{2}$; $\quad r = \frac{a}{2}\sqrt{2}$, $\varrho = \frac{a}{2}$. **Quadrat**

$F = gh.$ **Parallelogramm** $\quad F = \frac{a+c}{2} \cdot h = mh.$ **Trapez**

$F = \frac{gh}{2} = \sqrt{s(s-a)(s-b)(s-c)} = \varrho s;$ $\quad s = \frac{a+b+c}{2}.$ **Dreieck**

$F = \frac{a^2}{4}\sqrt{3}$, $h = \frac{a}{2}\sqrt{3}$, $r = \frac{a}{3}\sqrt{3}$, $\varrho = \frac{a}{6}\sqrt{3}.$ **Gleichseitiges Dreieck**

$a^2 + b^2 = c^2$, $a^2 = cp$, $b^2 = cq$, $h^2 = pq$, **Rechtwinkliges Dreieck**
$2F = ab = ch.$

$AP : PB = AQ : QB = k$, $\quad \frac{1}{AB} = \frac{1}{2}\left(\frac{1}{AP} + \frac{1}{AQ}\right).$ **Harmonische Teilung**

$r : s = s : (r - s)$, $\quad s = \frac{r}{2}(\sqrt{5} - 1).$ **Stetige Teilung**

$F = \pi r^2$, $u = 2\pi r$, $b = \frac{\pi \alpha}{180}r.$ **Kreis**

Ausschnitt $A = \frac{\pi \alpha}{360}r^2 = \frac{br}{2}$, $\quad$ Abschnitt $A' = \frac{r^2}{2}\left(\frac{\pi \alpha}{180} - \sin \alpha\right).$

6. Stereometrie.

$V = a^3$; $\quad F = 6a^2$; $\quad d = a\sqrt{2}$; $\quad e = a\sqrt{3}.$ **Würfel**

$V = abc$; $\quad F = 2(ab + bc + ca)$; $\quad e = \sqrt{a^2 + b^2 + c^2}.$ **Quader**

$V = Gh.$ **Prisma**

$V = \pi r^2 h$; $\quad M = 2\pi rh.$ **Walze**

$V = \frac{1}{3}Gh.$ **Pyramide**

$V = \frac{\pi}{3}r^2 h$; $\quad M = \pi rs.$ **Kegel**

$V = \frac{h}{3}(G_1 + \sqrt{G_1 G_2} + G_2).$ **Pyramidenstumpf**

$V = \frac{h}{6}(F_0 + 4F_m + F_{2n}).$ **Prismatoid**

Gewicht $\quad P = V \cdot s.$

Kegelstumpf	$V = \dfrac{\pi h}{3}(r_1^2 + r_1 r_2 + r_2^2);$	$M = \pi s (r_1 + r_2).$
Kugel	$V = \dfrac{4\pi}{3} r^3; \quad F = 4\pi r^2.$	Ellipsoid $= \dfrac{4\pi}{3} abc$
		Drehungsparaboloid $= \dfrac{\pi}{2} r^2 h.$
Kugelabschnitt	$V = \dfrac{\pi}{3} h^2 (3r - h);$	Kappe $K = 2\pi r h.$
Kugelausschnitt	$V = \dfrac{2\pi}{3} r^2 h;$	Zone $Z = 2\pi r h.$

Guldins Regel

Eine Umdrehungsfläche ist gleich der erzeugenden Linie ⎫ mal dem Weg
Ein Umdrehungskörper „   „   „   „ Fläche ⎬ des Schwerpunkts.

7. Ebene Trigonometrie.

Sinussatz $\quad \dfrac{a}{\sin \alpha} = \dfrac{b}{\sin \beta} = \dfrac{c}{\sin \gamma} = 2r.$

Kosinussatz $\quad a^2 = b^2 + c^2 - 2bc \cos \alpha.$

Tangenssatz $\quad \dfrac{\operatorname{tg} \dfrac{\alpha - \beta}{2}}{\operatorname{tg} \dfrac{\alpha + \beta}{2}} = \dfrac{a - b}{a + b}. \qquad \varrho = \sqrt{\dfrac{(s-a)(s-b)(s-c)}{s}}.$

Halbwinkelsatz $\quad \operatorname{tg} \dfrac{\alpha}{2} = \sqrt{\dfrac{(s-b)(s-c)}{s(s-a)}} = \dfrac{\varrho}{s - a}.$

Flächensatz $\quad F = \dfrac{1}{2} ab \sin \gamma = \varrho s = \dfrac{abc}{4r}.$

$\sin^2 \alpha + \cos^2 \alpha = 1 \qquad \operatorname{tg} \alpha = \dfrac{\sin \alpha}{\cos \alpha} \qquad \operatorname{ctg} \alpha = \dfrac{\cos \alpha}{\sin \alpha} \qquad \operatorname{tg} \alpha \cdot \operatorname{ctg} \alpha = 1.$

$1 + \operatorname{tg}^2 \alpha = \dfrac{1}{\cos^2 \alpha} \qquad \operatorname{tg} \alpha = m \qquad \sin \alpha = \dfrac{m}{\sqrt{1 + m^2}}, \qquad \cos \alpha = \dfrac{1}{\sqrt{1 + m^2}}$

$\sin(R \mp \alpha) = \cos \alpha \qquad \sin(2R \mp \alpha) = \pm \sin \alpha \qquad \sin(-\alpha) = -\sin \alpha$
$\cos(R \mp \alpha) = \pm \sin \alpha \qquad \cos(2R \mp \alpha) = -\cos \alpha \qquad \cos(-\alpha) = +\cos \alpha$
$\operatorname{tg}(R \mp \alpha) = \pm \operatorname{ctg} \alpha \qquad \operatorname{tg}(2R \mp \alpha) = \mp \operatorname{tg} \alpha \qquad \operatorname{tg}(-\alpha) = -\operatorname{tg} \alpha$
$\operatorname{ctg}(R \mp \alpha) = \pm \operatorname{tg} \alpha \qquad \operatorname{ctg}(2R \mp \alpha) = \mp \operatorname{ctg} \alpha \qquad \operatorname{ctg}(-\alpha) = -\operatorname{ctg} \alpha.$

$\sin(\alpha \pm \beta) = \sin \alpha \cos \beta \pm \cos \alpha \sin \beta \qquad \operatorname{tg}(\alpha \pm \beta) = \dfrac{\operatorname{tg} \alpha \pm \operatorname{tg} \beta}{1 \mp \operatorname{tg} \alpha \operatorname{tg} \beta}.$
$\cos(\alpha \pm \beta) = \cos \alpha \cos \beta \mp \sin \alpha \sin \beta$

$\sin 2\alpha = 2 \sin \alpha \cos \alpha \qquad\qquad\qquad\qquad \operatorname{tg} 2\alpha = \dfrac{2 \operatorname{tg} \alpha}{1 - \operatorname{tg}^2 \alpha}.$

$\cos 2\alpha = 1 - 2\sin^2 \alpha = 2\cos^2 \alpha - 1 \qquad \sin 2\alpha = \dfrac{2 \operatorname{tg} \alpha}{1 + \operatorname{tg}^2 \alpha}, \quad \cos 2\alpha = \dfrac{1 - \operatorname{tg}^2 \alpha}{1 + \operatorname{tg}^2 \alpha}.$

$$1 + \cos\alpha = 2\cos^2\frac{\alpha}{2} \qquad 1 - \cos\alpha = 2\sin^2\frac{\alpha}{2}.$$

$$\sin\alpha \pm \sin\beta = 2\sin\frac{\alpha \pm \beta}{2}\cos\frac{\alpha \mp \beta}{2}$$

$$\cos\alpha + \cos\beta = 2\cos\frac{\alpha+\beta}{2}\cos\frac{\alpha-\beta}{2}$$

$$\cos\alpha - \cos\beta = -2\sin\frac{\alpha+\beta}{2}\sin\frac{\alpha-\beta}{2}$$

$$\sin 3\alpha = 3\sin\alpha - 4\sin^3\alpha$$

$$\cos 3\alpha = 4\cos^3\alpha - 3\cos\alpha.$$

8. Sphärische Trigonometrie.

Rechtw. Dreieck· Der Kosinus eines Stückes ist gleich **Nepersche Regel**

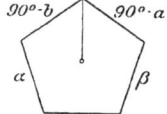

a) dem Produkt der Kotangenten der benachbarten Stücke,

b) „ „ „ Sinus der gegenüberliegenden „

wenn man a, b durch $90^0 - a$, $90^0 - b$ ersetzt.

$\sin a : \sin b = \sin\alpha : \sin\beta.$ **Sinussatz**

$\cos a = \cos b \cos c + \sin b \sin c \cos\alpha.$ **Seitenkosinussatz**

$\cos\alpha = -\cos\beta\cos\gamma + \sin\beta\sin\gamma\cos a.$ **Winkelkosinussatz**

$F = \frac{\alpha^0}{180^0}\cdot 2\pi r^2 = 2\alpha r^2.$ **Kugelzweieck**

$F = (\alpha^0 + \beta^0 + \gamma^0 - 180^0)\frac{\pi r^2}{180^0} = (\alpha + \beta + \gamma - \pi) r^2.$ **Kugeldreieck**

Nepersche Gleichungen

$$\frac{\operatorname{tg}\frac{a+b}{2}}{\operatorname{tg}\frac{c}{2}} = \frac{\cos\frac{\alpha-\beta}{2}}{\cos\frac{\alpha+\beta}{2}} \qquad \frac{\operatorname{tg}\frac{\alpha+\beta}{2}}{\operatorname{ctg}\frac{\gamma}{2}} = \frac{\cos\frac{a-b}{2}}{\cos\frac{a+b}{2}}$$

$$\frac{\operatorname{tg}\frac{a-b}{2}}{\operatorname{tg}\frac{c}{2}} = \frac{\sin\frac{\alpha-\beta}{2}}{\sin\frac{\alpha+\beta}{2}} \qquad \frac{\operatorname{tg}\frac{\alpha-\beta}{2}}{\operatorname{ctg}\frac{\gamma}{2}} = \frac{\sin\frac{a-b}{2}}{\sin\frac{a+b}{2}}.$$

Halbwinkelsätze

$$s = \frac{a+b+c}{2} \qquad \sigma = \frac{\alpha+\beta+\gamma}{2}$$

$$\operatorname{tg}\frac{\alpha}{2} = \sqrt{\frac{\sin(s-b)\sin(s-c)}{\sin s\sin(s-a)}} \qquad \operatorname{tg}\frac{a}{2} = \sqrt{-\frac{\cos\sigma\cos(\sigma-\alpha)}{\cos(\sigma-\beta)\cos(\sigma-\gamma)}}.$$

9. Analytische Geometrie.

$P_1P_2 = \sqrt{(x_2-x_1)^2 + (y_2-y_1)^2}.$ **Strecke**

$\operatorname{tg}\alpha = \frac{y_2-y_1}{x_2-x_1} = m$ **Anstieg**; $x_m = \frac{x_1+x_2}{2}$, $y_m = \frac{y_1+y_2}{2}$ **Mittelpunkt**

Harmonische Teilung $x_{p,q} = \dfrac{x_1 + kx_2}{1+k}$, $y_{p,q} = \dfrac{y_1 + ky_2}{1+k}$ Innerer Punkt $k > 0$ Äußerer Punkt $k < 0$.

Dreiecksfläche $F = \dfrac{1}{2}[x_1(y_2 - y_3) + x_2(y_3 - y_1) + x_3(y_1 - y_2)]$.

Gerade $y = mx + n$; $y - y_1 = m(x - x_1)$; $\dfrac{y - y_1}{x - x_1} = \dfrac{y_2 - y_1}{x_2 - x_1}$;

$\dfrac{x}{a} + \dfrac{y}{b} = 1$; $x \cos \varphi + y \sin \varphi - p = 0$ (Hesse).

$m = \text{tg}(x, g)$; $\text{tg}(g_1, g_2) = \dfrac{m_2 - m_1}{1 + m_1 m_2}$, $g_1 \parallel g_2$, wenn $m_2 = m_1$,

$g_1 \perp g_2$, wenn $m_2 = -\dfrac{1}{m_1}$.

Abstand $\dfrac{y_1 - mx_1 - n}{\sqrt{1 + m^2}} = e$.

Parallelverschiebung des Achsenkreuzes $x = \xi + a$, $y = \eta + b$.

Drehung des Achsenkreuzes $x = \xi \cos \alpha - \eta \sin \alpha$, $y = \xi \sin \alpha + \eta \cos \alpha$.

Kegelschnitte

	Gleichung	Anstieg	Tangente und Polare		Normale
Kreis	$x^2 + y^2 = r^2$	$-\dfrac{x_1}{y_1}$	$xx_1 + yy_1 = r^2$		$y = \dfrac{y_1}{x_1} \cdot x$
	$(x-a)^2 + (y-b)^2 = r^2$	$-\dfrac{x_1 - a}{y_1 - b}$	$(x-a)(x_1-a) + (y-b)(y_1-b) = r^2$		$y - y_1 = \dfrac{y_1 - b}{x_1 - a}(x - x_1)$
Parabel	$y^2 = 2px$	$\dfrac{p}{y_1}$	$yy_1 = p(x+x_1)$; $\varepsilon = 1$		$y - y_1 = -\dfrac{y_1}{p}(x - x_1)$
Ellipse Hyperbel	$\dfrac{x^2}{a^2} \pm \dfrac{y^2}{b^2} = 1$	$\mp \dfrac{b^2 x_1}{a^2 y_1}$	$\dfrac{xx_1}{a^2} \pm \dfrac{yy_1}{b^2} = 1$	$\varepsilon < 1$ $\varepsilon > 1$	$y - y_1 = \pm \dfrac{a^2 y_1}{b^2 x_1}(x - x_1)$

$e^2 = a^2 \mp b^2$; $\varepsilon = e : a$; $p = \dfrac{b^2}{a}$

Polargleichung $r = \dfrac{p}{1 - \varepsilon \cos \varphi}$; **Scheitelgleichung** $y^2 = 2px + \dfrac{p}{a}x^2$.

Fläche der Ellipse $E = \pi ab$.

Zugeordnete Durchmesser $y = mx$ und $y = m'x$, wenn $mm' = \mp \dfrac{b^2}{a^2}$.

Parabel Subtangente $2x_1$; Subnormale p. Abschnitt $\dfrac{4}{3}x_1 y_1$.

Wurf $x = ct$, $y = -\dfrac{g}{2}t^2$ und $x = ct \cos \alpha$, $y = ct \sin \alpha - \dfrac{g}{2}t^2$.

$$Ax^2 + 2Bxy + Cy^2 + 2Dx + 2Ey + F = 0.$$ **Kegelschnitt**
$$Axx_1 + B(xy_1 + x_1y) + Cyy_1 + D(x + x_1) + E(y + y_1) + F = 0.$$
Tangente und Polare

$AC > B^2$ ergibt Ellipse, Punkt oder imag. Kurve,
$AC < B^2$ „ Hyperbel oder zwei Gerade,
$AC = B^2$ „ Parabel oder zwei Parallele
Drehung um α ergibt $\left[\operatorname{tg} 2\alpha = \dfrac{2B}{A-C}\right].$
$$ax'^2 + cy'^2 + 2dx' + 2ey' + f = 0.$$
$a = \tfrac{1}{2}(A+C+\sqrt{J})$, $c = \tfrac{1}{2}(A+C-\sqrt{J})$; $J = (A-C)^2 + 4B^2$. $\sqrt{J} < 0$, wenn $B < 0$.

10. Differential- und Integralrechnung.

$\dfrac{d(ax^n)}{dx} = anx^{n-1}$ **Differentialrechnung**

$\dfrac{d(\sin x)}{dx} = \cos x$ $\quad \dfrac{d(\arcsin x)}{dx} = \dfrac{1}{\sqrt{1-x^2}}$ $\quad \dfrac{d(e^x)}{dx} = e^x$

$\dfrac{d(\cos x)}{dx} = -\sin x$ $\quad \dfrac{d(\arccos x)}{dx} = -\dfrac{1}{\sqrt{1-x^2}}$ $\quad \dfrac{d(\ln x)}{dx} = \dfrac{1}{x}$

$\dfrac{d(\operatorname{tg} x)}{dx} = \dfrac{1}{\cos^2 x}$ $\quad \dfrac{d(\operatorname{arctg} x)}{dx} = \dfrac{1}{1+x^2}$ $\quad \dfrac{d(a^x)}{dx} = a^x \cdot \ln a$

$\dfrac{d(\operatorname{ctg} x)}{dx} = -\dfrac{1}{\sin^2 x}$ $\quad \dfrac{d(\operatorname{arcctg} x)}{dx} = -\dfrac{1}{1+x^2}$ $\quad \dfrac{d(\log x)}{dx} = \dfrac{1}{x} \cdot \log e$

$\dfrac{d(u+v)}{dx} = \dfrac{du}{dx} + \dfrac{dv}{dx}$ $\quad \dfrac{d(uv)}{dx} = v\dfrac{du}{dx} + u\dfrac{dv}{dx}$

$\dfrac{dy}{dx} = \dfrac{dy}{dz} \cdot \dfrac{dz}{dx}$ (Kettenregel). $\quad \dfrac{d\left(\dfrac{u}{v}\right)}{dx} = \dfrac{v\dfrac{du}{dx} - u\dfrac{dv}{dx}}{v^2}.$

$\int x^n\, dx = \dfrac{x^{n+1}}{n+1}$ $(n \neq -1).$ **Integrale** (ohne Konstanten)

$\int \sin x\, dx = -\cos x$ $\quad \int \cos x\, dx = \sin x$ $\quad \int \dfrac{dx}{\cos^2 x} = \operatorname{tg} x$

$\int \dfrac{dx}{\sqrt{1-x^2}} = \arcsin x$ $\quad \int \dfrac{dx}{1+x^2} = \operatorname{arctg} x$ $\quad \int \dfrac{d\varphi}{\cos \varphi} = \ln \operatorname{tg}\left(\dfrac{\pi}{4} + \dfrac{\varphi}{2}\right)$

$\int e^x\, dx = e^x$ $\quad \int a^x\, dx = \dfrac{a^x}{\ln a}$ $\quad \int \dfrac{dx}{x} = \ln x$

$\int a f(x)\, dx = a \int f(x)\, dx$ $\quad \int (u(x) + v(x))\, dx = \int u(x)\, dx + \int v(x)\, dx$

$\int uv'\, dx = uv - \int vu'\, dx$ oder $\int u\, dv = uv - \int v\, du$ (Partielle Integration)

$\int\limits_a^b f(x)\, dx = -\int\limits_b^a f(x)\, dx = \int\limits_a^c f(x)\, dx + \int\limits_c^b f(x)\, dx = F(b) - F(a).$

11. Reihen.

$$f(x)=f(0)+\frac{x}{1}f'(0)+\frac{x^2}{1\cdot 2}f''(0)+\frac{x^3}{1\cdot 2\cdot 3}f'''(0)+\cdots$$

$$f(a+x)=f(a)+\frac{x}{1}f'(a)+\frac{x^2}{1\cdot 2}f''(a)+\frac{x^3}{1\cdot 2\cdot 3}f'''(a)+\cdots \text{ (Taylor).}$$

$$(1\pm x)^n=1\pm\frac{n}{1}x+\frac{n(n-1)}{1\cdot 2}x^2\pm\cdots+(-1)^k\binom{n}{k}x^k+\cdots$$

Binomische Reihe,

n beliebig, $|x|<1$. $\quad (a+x)^n=a^n\left(1+\frac{x}{a}\right)^n, \quad x<a.$

$$\sin x=x-\frac{x^3}{3!}+\frac{x^5}{5!}-\cdots; \qquad \cos x=1-\frac{x^2}{2!}+\frac{x^4}{4!}-\frac{x^6}{6!}+\cdots$$

$$e^x=1+\frac{x}{1}+\frac{x^2}{1\cdot 2}+\frac{x^3}{1\cdot 2\cdot 3}+\cdots \qquad a^x=e^{x\ln a}$$

$$\ln(1+x)=\frac{x}{1}-\frac{x^2}{2}+\frac{x^3}{3}-\frac{x^4}{4}+\cdots; \quad -1<x\leqq +1$$

$$\frac{1}{2}\ln\frac{1+x}{1-x}=x+\frac{x^3}{3}+\frac{x^5}{5}+\cdots; \qquad |x|<1.$$

Moivrescher Satz: $(a+bi)^n=[r(\cos\varphi+i\sin\varphi)]^n=r^n(\cos n\varphi+i\sin n\varphi)$.

$$e^{ix}=\cos x+i\sin x; \qquad \cos x=\frac{e^{ix}+e^{-ix}}{2}, \quad \sin x=\frac{e^{ix}-e^{-ix}}{2i}.$$

$$\operatorname{arctg} x=x-\frac{x^3}{3}+\frac{x^5}{5}-\cdots; \qquad |x|\leqq 1.$$

$$\arcsin x=x+\frac{1}{2}\cdot\frac{x^3}{3}+\frac{1\cdot 3}{2\cdot 4}\cdot\frac{x^5}{5}+\cdots; \quad |x|\leqq 1.$$

$$\frac{\pi}{4}=1-\frac{1}{3}+\frac{1}{5}-\frac{1}{7}+\cdots$$

Leibnizsche Reihe.

$$=4\left(\frac{1}{5}-\frac{1}{3\cdot 5^3}+\frac{1}{5\cdot 5^5}-\cdots\right)-\left(\frac{1}{239}-\frac{1}{3\cdot 239^3}+\frac{1}{5\cdot 239^5}-\cdots\right)$$

Platz für weitere Formeln.

In Neubearbeitung ist erschienen:

A. Schülke
Oberstudiendirektor i. R.
Berlin-Tempelhof

W. Dreetz
Studienrat a. d. Goetheschule
Berlin-Wilmersdorf

Aufgabensammlung
aus der reinen und angewandten Mathematik

I. Teil: Unterstufe

A (ohne Trigonometrie): 6. Aufl. Mit 111 Fig. im Text. [VIII u. 212 S.] 1928. Geb. $\mathcal{RM}$ 4.— [Best.-Nr. 7285]

B (mit Trigonometrie): 6. Aufl. Mit 113 Fig. im Text. [VIII u. 224 S.] 1928. Geb. $\mathcal{RM}$ 4.20 [Best.-Nr. 7287]

II. Teil: Oberstufe

A: 5. Aufl. Mit zahlr. Fig. im Text. [U. d. Pr. 1928] [Best.-Nr. 7286]

B: 5. Aufl. Mit zahlr. Fig. im Text. [U. d. Pr. 1928] [Best.-Nr. 7288]

Ergebnishefte befinden sich im Druck 1928

Leitfaden der Mathematik
(als Ergänzung zur Aufgabensammlung wie zum selbständigen Gebrauch)

In zwei Ausgaben, A für Anstalten gymnasialer, B für solche realer Richtung.

I. Teil: Unterstufe

A (ohne Trigonometrie): 2. Aufl. Mit 192 Fig. im Text. [VIII u. 114 S.] 1928. Kart. $\mathcal{RM}$ 2.— [Best.-Nr. 7289]

B (mit Trigonometrie): 2. Aufl. Mit 200 Fig. im Text. [VIII u 122 S.] 1928. Kart. $\mathcal{RM}$ 2.20 [Best.-Nr. 7290]

II. Teil: Oberstufe

A: 2. Aufl. Mit 160 Fig. im Text. [VIII u. 161 S.] 1928. Geb. $\mathcal{RM}$ 3.— [Best.-Nr. 7291]

B: 2. Aufl. Mit 203 Fig. im Text und 1 Tafel. [VIII u. 209 S.] 1928. Geb. $\mathcal{RM}$ 3.80 [Best.-Nr. 7292]

*Ministeriell genehmigt für Preußen
(U II 17020 v. 24. 6. 26 / U II 17641 v. 10. 9. 26
U II 18631 v. 23. 12. 26) und für andere Länder.*

Aus den Urteilen:

„Schülke-Dreetz ist ausgezeichnet in der knappen Darstellung. Er ist meisterhaft in der Hervorhebung und Betonung des mathematischen Systems und mathematischer Probleme."
(Direktor Dr. K. Hahn, Hamburg. Oberrealschule auf der Uhlenhorst.)

„Die Durchsicht des mathematischen Unterrichtswerkes: Schülke-Dreetz hat mir recht viel Freude gemacht. Das Buch erfüllt durchaus die Anforderungen, die man an ein modernes Buch stellen kann. Vor allem gefällt mir die knappe, klare Darstellung, die sorgfältige Auswahl der Aufgaben... Der Kontakt mit der Wirklichkeit ist überall gewahrt." (Studienrat G. Pilger, Neunkirchen, Saar. Realgymnasium.)

„Das Buch hat durch seine knappe und klare Darstellung bei aller Stoffülle und Auswahlmöglichkeit, seine straffe Gliederung, die Durchführung der Gedanken des Erlanger Programms im geometrischen Teil und viele Einzelvorzüge bei allen Fachkollegen den besten Eindruck gemacht. Daß es trotz der kurzen Darstellungsform einen Leitfadens reichen Stoff für Arbeitsgemeinschaften und größere selbständige Arbeiten der Schüler der Oberstufe enthält, muß besonders hervorgehoben werden."
(Studienrat E. Hennig, Stettin. Schiller-Realgymnasium.)

„Bei der Durchsicht der Aufgaben fällt insbesondere die Vielseitigkeit auf, die Anlaß zu den mannigfachsten Anregungen bieten kann. Die Sammlung ist eine fast unerschöpfliche Quelle zur Ausgestaltung des Arbeitsschulgedankens." (Studienrat A. Lewinnek, Berlin-Halensee. Kaiser-Friedrich-Realgymnasium.)

„... Ich habe die Bände eingehend durchstudiert, nur ein hervorragender Mathematiker und Praktiker kann sich so kurz, klar und genau ausdrücken, wie es die Verfasser der Leitfäden tun. Über die Aufgabensammlung brauche ich wohl kein Wort zu verlieren, ich benutze eine ältere Auflage seit Jahren..."
(Studienrat Dr. C. Andriessen, Neuwied. Gymnasium.)

„Schülte-Dreetz (Aufgabensammlung I und Leitfaden I) sind nach meinem Urteil ganz hervorragend. Die Durchführung neuzeitlicher pädagogischer Bestrebungen (Arbeitsunterricht, Selbstätigkeit des Schülers, Betonung der Anschauung) ist so anregend, daß man das Buch mit Dank gegen die Verfasser aus der Hand legt. Ich werde die Bücher empfehlen wo ich kann."
(Studienrat Burose, Ahlden/Aller. Höhere Privatschule.)

Leipzig / Verlag von B. G. Teubner / Berlin

Proportionalteile
für Minuten

D	10	11	12	13	14	15	16	17	18	19	
1'	2	2	2	2	2	3	3	3	3	3	1'
2'	3	4	4	4	5	5	5	6	6	6	2'
3'	5	6	6	7	7	8	8	9	9	10	3'
4'	7	7	8	9	9	10	11	11	12	13	4'
5'	8	9	10	11	12	13	13	14	15	16	5'
D	20	21	22	23	24	25	26	27	28	29	
1'	3	4	4	4	4	4	4	5	5	5	1'
2'	7	7	7	8	8	8	9	9	9	10	2'
3'	10	11	11	12	12	13	13	14	14	15	3'
4'	13	14	15	15	16	17	17	18	19	19	4'
5'	17	18	18	19	20	21	22	23	23	24	5'
D	30	31	32	33	34	35	36	37	38	39	
1'	5	5	5	6	6	6	6	6	6	7	1'
2'	10	10	11	11	11	12	12	12	13	13	2'
3'	15	16	16	17	17	18	18	19	19	20	3'
4'	20	21	21	22	23	23	24	25	25	26	4'
5'	25	26	27	28	28	29	30	31	32	33	5'
D	40	41	42	43	44	45	46	47	48	49	
1'	7	7	7	7	7	8	8	8	8	8	1'
2'	13	14	14	14	15	15	15	16	16	16	2'
3'	20	21	21	22	22	23	23	24	24	25	3'
4'	27	27	28	29	29	30	31	31	32	33	4'
5'	33	34	35	36	37	38	38	39	40	41	5'
D	50	51	52	53	54	55	56	57	58	59	
1'	8	9	9	9	9	9	9	10	10	10	1'
2'	17	17	17	18	18	18	19	19	19	20	2'
3'	25	26	26	27	27	28	28	29	29	30	3'
4'	33	34	35	35	36	37	37	38	39	39	4'
5'	42	43	43	44	45	46	47	48	48	49	5'
D	60	61	62	63	64	65	66	67	68	69	
1'	10	10	10	11	11	11	11	11	11	12	1'
2'	20	20	21	21	21	22	22	22	23	23	2'
3'	30	31	31	32	32	33	33	34	34	35	3'
4'	40	41	41	42	43	43	44	45	45	46	4'
5'	50	51	52	53	53	54	55	56	57	58	5'
D	70	71	72	73	74	75	76	77	78	79	
1'	12	12	12	12	12	13	13	13	13	13	1'
2'	23	24	24	24	25	25	25	26	26	26	2'
3'	35	36	36	37	37	38	38	39	39	40	3'
4'	47	47	48	49	49	50	51	51	52	53	4'
5'	58	59	60	61	62	63	63	64	65	66	5'

MIX
Papier aus verantwortungsvollen Quellen
Paper from responsible sources
FSC® C105338

If you have any concerns about our products,
you can contact us on
ProductSafety@springernature.com

In case Publisher is established outside the EU,
the EU authorized representative is:
**Springer Nature Customer Service Center GmbH
Europaplatz 3, 69115 Heidelberg, Germany**

Printed by Libri Plureos GmbH
in Hamburg, Germany